21世纪高等学校规划教材 | 软件工程

U0286575

软件测试方法和技术实践教程

王丹丹　编著

清华大学出版社

北京

内 容 简 介

本书是计算机科学与技术专业、计算机软件专业以及其他相关专业学生学习软件测试理论时的配套实验教材。在介绍软件测试的主要方法的同时,以实验指导书的形式给出运用各种方法的软件测试案例,便于读者学习实践。

全书分为两篇:第 1 篇介绍软件测试的原理与方法,着重介绍黑盒功能测试的等价类划分法、边界值法、判定表法和 Pair-wise 方法以及白盒逻辑覆盖测试的实验原理及具体的实验案例;第 2 篇介绍软件测试的技术,着重介绍单元测试、集成测试和系统测试的实验原理及具体的实验案例。

本实验教材具有一定的实用性和指导性,可以作为高等院校计算机、软件工程等专业高年级本科生和研究生学习软件测试的实验指导书,同时可供需要了解和学习软件测试的开发人员和广大科技工作者参考。

图书在版编目(CIP)数据

软件测试方法和技术实践教程/王丹丹编著.—北京:清华大学出版社,2017(2024.2重印)
(21 世纪高等学校规划教材·软件工程)
ISBN 978-7-302-46114-2

Ⅰ.①软… Ⅱ.①王… Ⅲ.①软件—测试 Ⅳ.①TP311.55

中国版本图书馆 CIP 数据核字(2017)第 006072 号

责任编辑:黄 芝 王冰飞
封面设计:傅瑞学
责任校对:徐俊伟
责任印制:沈 露

出版发行:清华大学出版社
　　　　网　　　址:https://www.tup.com.cn,https://www.wqxuetang.com
　　　　地　　　址:北京清华大学学研大厦 A 座　　　　邮　编:100084
　　　　社 总 机:010-83470000　　　　　　　　　　邮　购:010-62786544
　　　　投稿与读者服务:010-62776969,c-service@tup.tsinghua.edu.cn
　　　　质量反馈:010-62772015,zhiliang@tup.tsinghua.edu.cn
　　　　课件下载:https://www.tup.com.cn,010-83470236
印 装 者:三河市人民印务有限公司
经　　销:全国新华书店
开　　本:185mm×260mm　　　　印　张:11　　　　字　数:275 千字
版　　次:2017 年 6 月第 1 版　　　　　　　　印　次:2024 年 2 月第 7 次印刷
印　　数:7001~8200
定　　价:29.00 元

产品编号:070581-01

出版说明

随着我国改革开放的进一步深化,高等教育也得到了快速发展,各地高校紧密结合地方经济建设发展需要,科学运用市场调节机制,加大了使用信息科学等现代科学技术提升、改造传统学科专业的投入力度,通过教育改革合理调整和配置了教育资源,优化了传统学科专业,积极为地方经济建设输送人才,为我国经济社会的快速、健康和可持续发展以及高等教育自身的改革发展做出了巨大贡献。但是,高等教育质量还需要进一步提高以适应经济社会发展的需要,不少高校的专业设置和结构不尽合理,教师队伍整体素质亟待提高,人才培养模式、教学内容和方法需要进一步转变,学生的实践能力和创新精神亟待加强。

教育部一直十分重视高等教育质量工作。2007年1月,教育部下发了《关于实施高等学校本科教学质量与教学改革工程的意见》,计划实施"高等学校本科教学质量与教学改革工程(简称'质量工程')",通过专业结构调整、课程教材建设、实践教学改革、教学团队建设等多项内容,进一步深化高等学校教学改革,提高人才培养的能力和水平,更好地满足经济社会发展对高素质人才的需要。在贯彻和落实教育部"质量工程"的过程中,各地高校发挥师资力量强、办学经验丰富、教学资源充裕等优势,对其特色专业及特色课程(群)加以规划、整理和总结,更新教学内容、改革课程体系,建设了一大批内容新、体系新、方法新、手段新的特色课程。在此基础上,经教育部相关教学指导委员会专家的指导和建议,清华大学出版社在多个领域精选各高校的特色课程,分别规划出版系列教材,以配合"质量工程"的实施,满足各高校教学质量和教学改革的需要。

为了深入贯彻落实教育部《关于加强高等学校本科教学工作,提高教学质量的若干意见》精神,紧密配合教育部已经启动的"高等学校教学质量与教学改革工程精品课程建设工作",在有关专家、教授的倡议和有关部门的大力支持下,我们组织并成立了"清华大学出版社教材编审委员会"(以下简称"编委会"),旨在配合教育部制定精品课程教材的出版规划,讨论并实施精品课程教材的编写与出版工作。"编委会"成员皆来自全国各类高等学校教学与科研第一线的骨干教师,其中许多教师为各校相关院、系主管教学的院长或系主任。

按照教育部的要求,"编委会"一致认为,精品课程的建设工作从开始就要坚持高标准、严要求,处于一个比较高的起点上;精品课程教材应该能够反映各高校教学改革与课程建设的需要,要有特色风格、有创新性(新体系、新内容、新手段、新思路,教材的内容体系有较高的科学创新、技术创新和理念创新的含量)、先进性(对原有的学科体系有实质性的改革和发展,顺应并符合21世纪教学发展的规律,代表并引领课程发展的趋势和方向)、示范性(教材所体现的课程体系具有较广泛的辐射性和示范性)和一定的前瞻性。教材由个人申报或各校推荐(通过所在高校的"编委会"成员推荐),经"编委会"认真评审,最后由清华大学出版社审定出版。

目前,针对计算机类和电子信息类相关专业成立了两个"编委会",即"清华大学出版社计算机教材编审委员会"和"清华大学出版社电子信息教材编审委员会"。推出的特色精品教材包括:

(1) 21世纪高等学校规划教材·计算机应用——高等学校各类专业,特别是非计算机专业的计算机应用类教材。

(2) 21世纪高等学校规划教材·计算机科学与技术——高等学校计算机相关专业的教材。

(3) 21世纪高等学校规划教材·电子信息——高等学校电子信息相关专业的教材。

(4) 21世纪高等学校规划教材·软件工程——高等学校软件工程相关专业的教材。

(5) 21世纪高等学校规划教材·信息管理与信息系统。

(6) 21世纪高等学校规划教材·财经管理与应用。

(7) 21世纪高等学校规划教材·电子商务。

(8) 21世纪高等学校规划教材·物联网。

清华大学出版社经过三十多年的努力,在教材尤其是计算机和电子信息类专业教材出版方面树立了权威品牌,为我国的高等教育事业做出了重要贡献。清华版教材形成了技术准确、内容严谨的独特风格,这种风格将延续并反映在特色精品教材的建设中。

清华大学出版社教材编审委员会
联系人:魏江江
E-mail:weijj@tup.tsinghua.edu.cn

因为【实验指导】是类似习题答案的内容,因此为了培养和锻炼自己的软件测试能力,可以先不阅读【实验指导】,自己完成整个实验之后再阅读这一部分,看看自己的测试设计方法与【实验指导】有什么不同,从而达到学习提高的目的。对于初学者容易犯的错误都以【实验中需要注意的问题】的形式进行了概括总结。有些实验还有【实验拓展】部分,提出实验拓展问题,或者是需要进一步进行实验的内容。

对于本实验教程的所有实验案例,读者都可以参阅书中的【实验指导】,自己进行相同的实验操作,所涉及的被测程序和相应的软件系统平台、测试工具软件,都可以从本书指定的配套网站下载使用。

本书所涉及的多个测试实验均可被读者实际操作,相信许多读者凭借本书,可以真正摆脱只能学习软件测试理论,无法动手进行实际测试的困境。各章的实验指导阐述细致,浅显易懂。

本书参考了软件测试的相关书籍以及互联网上的一些软件测试理论文章,特别是朱少民老师编写的《软件测试方法和技术》一书,对于各位作者表示深深的谢意。

本书还参考了我的学生郭莹和范逸飞的毕业设计论文。作为毕业设计导师,向他们表示感谢。

由于本人水平有限,尽管参照了很多的文献和听取多方的意见,但由于时间问题和本人能力问题,书中难免存在漏洞与误区,还望读者朋友指正。

作　者

2017 年 1 月

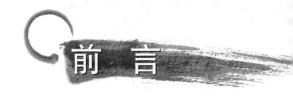

前　言

　　软件测试是一门对于工程实践能力要求很高的课程,在整个计算机科学与技术学科的人才培养规划里,是一门偏重于实践的核心课程,旨在培养学生的计算机实际开发能力。目前,许多高校在计算机专业或软件工程专业开设了这门课程,可见软件测试课程的重要性。

　　事实上,由于软件测试这门课程重在培养学生的工程实践能力的特点,从软件测试教学大纲和教学计划可以看出,所安排的实验节数非常多,应该是全部学时的一半以上,因为学生只有通过一个个软件测试案例的实验,才能够真正掌握软件测试的各种方法并且做到融会贯通。

　　目前,软件测试课程的教材数量多而且质量都很好,但是基于培养软件测试实际动手能力的实验配套教材还不多,学生反映即使买到了合适的软件测试教材,但是很难买到真正实用的软件测试实验指导用书。原因是这类书籍由于偏重实践环节,所涉及的课题和实验的准备需要很长的时间,不像一般的理论教材那么好写,所以出书十分困难。但是学生要想掌握软件测试方法,在实际测试环节中,又迫切地需要好的、详细介绍实施软件测试方法具体步骤的实验教程。

　　本人多年从事软件工程、软件测试及软件质量保证的研究并讲授相关课程,长期指导学生进行实际的软件测试活动,在软件测试的课堂上多年采用清华大学出版社出版、朱少民老师编写的《软件测试方法和技术》一书,按照朱老师教材的章节编写思路,结合自己多年辅导学生进行软件测试学习所积累的案例,编写了这本软件测试的实验教程。本书充实了软件测试方法和技术的实验环节案例,详细描述了各种软件测试常用的方法和技术在实践中应用的步骤和过程,由浅入深、循序渐进,有些章节的实验甚至分步骤详尽地做了阐述。所以,本书应该是一本容易入门的、浅显易懂的实验教材,特别适合作为一本学习软件测试的入门实验指导书。书中所涉及的所有案例都是笔者这些年在课堂上带着学生反复实践过的,相信会对学习软件测试的读者有所启发。

　　本书设想成为清华大学出版社出版、朱少民老师编写的《软件测试方法和技术》一书的配套实验类指导书,因此在内容与篇章结构上尽量与朱老师的原书一致,可以说本书是《软件测试方法和技术》一书的实践教程和重要补充。同时,本书注重实践环节的积累,用具体的案例来讲述软件测试理论应用的具体方法,实用性和指导性很强。

　　本书对软件测试的主要方法和重要技术均做了介绍,本着理论与实践相结合的原则,在介绍软件测试某个具体的方法之后,以实验指导书的形式相应地给出一个利用此方法的实验案例,便于读者学习实践。

　　在各章的实验指导书中,除说明本次实验的目的、所要求的实验环境、本次实验的内容之外,对于实验相关的软件测试理论,都以【实验原理】的形式再次简明扼要地加以阐明;对于软件测试初学者感觉困难的地方,都以【实验步骤】的形式予以具体讲解,读者只要按照实验步骤进行操作,就可以很容易地完成整个实验。提醒读者不要急于阅读【实验指导】部分,

目 录

第1篇 软件测试的原理与方法

第2篇　软件测试的技术

第1篇 软件测试的原理与方法

第 1 章

测试用例设计

1.1 软件测试的基本理念

软件测试是软件工程的一个重要环节,可以说它贯穿于软件开发的整个生命周期之中。软件测试的目的是发现软件中隐藏的缺陷和错误并加以完善,以满足用户需求定义,提高软件用户的满意度。软件质量的好坏在相当大的程度上取决于有没有进行完善的软件测试。

1.1.1 软件质量

众所周知,产品的质量是能否满足用户需求的关键,比如一部高质量的手机,它一定具备以下的特点。

- 通话信号稳定,没有时断时续信号不好的现象;
- 音质好,没有杂音;
- 功能全,可以上网、发邮件、拍照、听音乐、聊天、购物消费等;
- 美观、轻便、操作起来手感舒适;
- 价格合理;
- 维修服务好。

如果我们把软件作为产品,那么软件产品的质量又是指什么呢? 概括地说,软件质量就是"软件与明确的和隐含的定义的需求相一致的程度"。具体地说,软件质量是软件符合明确叙述的功能和性能需求、文档中明确描述的开发标准,以及所有专业开发的软件都应具有的隐含特征的程度。软件质量具体包括以下几个方面。

(1) 性能(Performance):指系统的响应能力,即要经过多长时间才能对某个事件作出响应,或者在某段时间内系统所能处理的事件个数,包括操作响应速度、计算机资源使用消耗情况等。

(2) 可用性(Availability):指系统能够正常运行的时间比例。

(3) 可靠性(Reliability):指系统在应用或者错误面前,在意外或者错误使用的情况下维持软件系统功能特性的能力;可靠性是用户使用的根本,可靠性低意味着用户在使用时系统频频出现故障,无法满足用户的使用需要。

(4) 健壮性(Robustness):指在处理或者环境中系统能够承受的压力或者变更能力。

(5) 安全性(Security)：指系统向合法用户提供服务的同时能够阻止非授权用户使用的企图或者拒绝服务的能力。

(6) 可修改性(Modification)：指能够快速地以较高的性能价格比对系统进行变更的能力。

(7) 可变性(Changeability)：指体系结构扩充或者变更成为新体系结构的能力。

(8) 易用性(Usability)：衡量用户使用软件产品完成指定任务的难易程度；通常包括简单安装、轻松使用以及具有友好的界面等。

(9) 可测试性(Testability)：指软件发现故障并隔离定位其故障的能力特性，以及在一定的时间或者成本前提下进行测试设计、测试执行的能力。

(10) 功能性(Functionality)：指系统所能完成所期望工作的能力。

(11) 互操作性(Inter-Operation)：指系统与外界或系统与系统之间的相互作用能力。

1.1.2　软件缺陷

如果软件中存在缺陷和错误，那么软件产品的质量一定是有问题的，它一定是一个无法满足用户需要的甚至给用户带来麻烦的系统。

我们通常把程序中隐藏的功能缺陷或错误叫作 Bug。软件缺陷的主要类型/现象包括以下几点。

- 功能、特性没有实现或部分实现；
- 设计不合理，存在缺陷；
- 实际结果和预期结果不一致；
- 运行出错，包括运行中断、系统崩溃、界面混乱；
- 数据结果不正确、精度不够；
- 用户不能接受的其他问题，如存取时间过长、界面不美观等。

总之，一个好的、质量高的软件应该是相对的无产品缺陷(Bug Free)或只有极少量的缺陷，它能够准时递交给用户，所用的费用都是在预算内的并且满足客户需求，是可维护的。与其他产品一样，有关质量的好坏的最终评价依赖于用户的反馈。

1.1.3　软件测试

软件测试就是要尽快地、最大程度地发现软件中的问题，以保证和提高软件产品的质量。其目的不仅仅是为了证明软件实现了用户需求定义的内容，对软件需求分析、设计规格说明和编码进行最终复审，还要检验软件在用户定义以外的不合理输入情况下的反应，即系统的可靠性和容错能力如何，可以说软件测试是软件质量保证的关键步骤和重要手段。

有一种错误的观点认为软件测试只是在设计和编码阶段结束之后的对软件系统进行的各种综合测试，是开发后期的一个阶段，是系统交付使用之前的最后一道工序。实际上，软件测试应该贯穿于软件开发的整个周期，在软件需求定义、设计、编码的各个过程结束之前都应该进行复审，这样做的目的是可以大大地减少后续过程的返工，提高软件开发效率，有效地控制软件工程的成本。

综上所述,软件测试是由"验证(Verification)"和"有效性确认(Validation)"这两个方面的活动构成的整体。

1. 验证(Verification)

检验软件是否已正确地实现了产品规格书所定义的系统功能和特性,是否正确地构造了软件? 即是否正确地做事;验证开发过程是否遵守已定义好的内容;验证产品满足规格设计说明书的一致性。

2. 有效性确认(Validation)

确认所开发的软件是否满足用户真正需求的活动,是否构造了正是用户所需要的软件? 即是否正在做正确的事。验证产品所实现的功能是否满足用户的需求。

各个阶段软件测试的依据是前一阶段所形成的文档,软件测试中发现的错误可能是系统前期工程各个阶段的问题的反映。为了改正软件测试中发现的错误,必须找到错误的代码进行重新编写,或是错误的设计进行重新修改,然后再将修改后的代码进行重新测试,直到问题被全部解决为止。需要注意的是,回归测试的关联性一定要引起充分的重视,修改一个错误而引起更多错误出现的现象并不少见,往往程序的重新设计和修改会给原来没有发现错误的代码带来影响,所以,在代码更改之后,有时还要对相关联的功能重新进行测试,因为所修改的程序代码可能会对其产生影响。

1.2 测试用例设计

既然软件测试的目的是为了发现程序中的错误而执行程序的过程,那么软件测试就是要根据软件开发各阶段的规格说明和程序的内部结构,精心设计一批测试用例,即输入一些数据而得到其预期的结果,并利用这些测试用例去运行程序,以发现程序错误的过程。好的测试方案是极可能发现迄今为止尚未发现的错误的测试方案;成功的测试是发现了至今为止尚未发现的错误的测试。

测试用例设计是测试最基本、最关键的工作,可以说,懂不懂测试、会不会测试就是看一个人会不会写测试用例,即是否能够找到正确的、高效的测试数据。所以在软件测试实验中必须掌握测试用例的设计方法。

测试用例是输入、执行条件和一个特殊目标所开发的预期结果集合,是可以独立进行测试执行的最小单元,换句话说,测试用例包括输入数据、操作步骤和期望结果。

1.2.1 测试用例的类型

测试用例按测试目的不同可分为以下几种类型。

1) 需求测试用例

测试是否符合需求规范,通常是按照需求执行的功能逐条地编写输入数据和期望输出。一个好的需求用例是可以用少量的测试用例就能够覆盖所有的程序功能。

2）设计测试用例

测试是否符合系统逻辑结构，检测的是代码和设计是否完全相符，是对底层设计和基本结构上的测试。设计测试用例可以涉及到需求测试用例没有覆盖到的代码空间，例如，界面的设计等。

3）代码测试用例

测试代码的逻辑结构和使用的数据，是基于运行软件和数据结构上的，它要保证可以覆盖所有的程序分支、语句和输出。

以上 3 种用例所用的数据又可分为正常数据、边缘数据和错误数据。

1）正常数据

在测试中所用的正常数据的量是最大的，而且也是最关键的。少量的测试数据不能完全覆盖需求，但人们要从中提取出一些具有高度代表性的数据作为测试数据，以减少测试时间，测试所花费的时间直接影响到测试以及整个工程的进度，并影响整个工程项目的成本。

2）边缘数据

边缘测试是介于正常数据和错误数据之间的一种数据。例如，若使用 SQL Server 数据库，则可把 SQL Server 关键字（如"'""AS""Join"等）设为边缘数据。其他边缘数据还有HTML 的"HTML""< >"等关键字以及空格、@、负数、超长字符等。边缘数据要根据不同的系统特点，并且依靠测试人员的丰富经验来制定。

3）错误数据

显而易见，错误数据就是编写与程序输入规范不符的数据，从而检测输入筛选、错误处理等程序的分支。可以说错误数据对于检验软件可靠性是必不可少的。

由于执行测试用例的数据量巨大，还要进行回归测试，所以可以考虑使用自动测试工具，但提取测试数据仍要依靠编写测试用例人员所掌握的软件测试方法和软件测试工作经验。这里还要注意，有时程序中的某些错误自动测试也许不能找到，手动测试所找到的错误会比自动测试所找到的要多。

1.2.2　测试用例的一般结构

测试用例的一般结构如下所述。

（1）标志符（Identification）：唯一，必须。相当于测试用例的编号，唯一标识该测试用例的值。

（2）所属模块：可选。

（3）测试项（Test Items）：必须。测试的对象。

（4）测试用例名称：必须。

（5）测试环境要求：可选。测试环境的软件硬件配置情况，特别是系统性能测试时，在不同的测试环境下系统的性能差别很大，测试环境要求的描述更加重要。

（6）输入标准（Input Criteria）：必须。包括输入数据、前提条件、操作步骤等。前提条件是指事先设定、条件限制，如已经登录、某个选项已经选上等。

（7）输出标准（Output Criteria）：必须。

（8）测试用例之间的关联：可选。某些测试用例之间是有关联的，在测试用例设计表上要明确地说明它们之间的关联性。

（9）优先级：可选。优先级别高的问题是需要尽快解决的问题，往往是某些重要的核心功能方面的缺陷（Bug），如果不加以解决的话，其他页面或程序功能都无法进行测试；或者是系统底层的问题，往往是牵一发而动全身，影响的模块比较多，需要尽快地解决，这样的软件测试用例可以设计为优先级高的用例。对于比较复杂的软件系统，程序的错误按照程度可以分为：建议修改、警告、错误、崩溃等。

（10）关联的缺陷标识符：可选。根据系统复杂情况，可以将所测试出来的缺陷和错误单独列到一个软件 Bug 文档中，那么此处就要写明关联的缺陷标识符。

图 1-1 和图 1-2 为测试用例的两个示例。

【示例1：书写不够规范的测试用例】
测试目标：验证输入错误的密码是否有正确的响应。
测试环境：Windows XP 操作系统和浏览器 Firefox。
输入数据：用户邮件地址和口令。
步骤：
1. 打开浏览器。
2. 单击页面右上角的"登录"链接，出现登录页面。
3. 在电子邮件的输入框中输入：test@gmail.com。
4. 在口令后面输入：xxxabc。
5. 单击"登录"按钮。
期望结果：
登录失败，页面重新回到登录页面，并提示"用户密码错误"。

图 1-1 书写不够规范的测试用例

【示例2：书写规范的测试用例】
ID：LG0101002
用例名称：验证输入错误的密码后是否提示正确。
测试项：用户邮件地址和口令。
环境要求：Windows XP SP2 和浏览器 Firefox 3.0.3
参考文档：软件规格说明书 SpecLG01.doc
优先级：高
层次：2（即 LG0101 的子用例）
依赖的测试用例：LG0101001
步骤：
1. 打开浏览器。
2. 单击页面右上角的"登录"链接，出现登录页面。
3. 在电子邮件的输入框中输入：test@gmail.com。
4. 在口令后面输入：xxxabc。
5. 单击"登录"按钮。
期望结果：
登录失败，页面重新回到登录页面，并提示"用户密码错误"。

图 1-2 书写规范的测试用例

1.2.3　设计测试用例需考虑的因素

在测试用例设计中应该充分考虑以下因素。

（1）测试用例应该具有代表性、典型性。

由于测试不可能穷尽进行的缘故，测试用例是测试输入的所有可能情况的代表，因此测试用例必须具有代表性、典型性。

（2）寻求系统设计、功能设计的弱点。

测试用例需要考虑到正确的输入，也需要考虑错误的或者异常的输入，需要分析怎样使得这样的错误或者异常能够发生，因此在设计测试用例时，往往要寻找那些系统设计中易出错之处，有针对性的设计一些测试用例，以发现系统的问题所在。

（3）考虑用户实际的诸多使用场景。

软件系统最终是提供给用户使用的，软件测试的依据是软件工程前期所做的系统需求分析时得到用户确认的软件系统规格说明。因此，在设计软件测试用例时，必须设计足够的使用场景，模拟用户各种各样的使用情形，这也是构筑整个系统的初衷。

在设计测试用例时应该尽量地注意以下几个方面的问题。

（1）尽量地避免含糊的测试用例。

例如，在测试登录页面时，不要用"输入正确的密码后，程序工作正常""输入错误的密码后，程序工作不正常"这样的含糊的测试用例，而是具体设计一些满足系统设计规格的密码进行测试。如果系统要求密码必须是由数字组成并且必须是 6 位数字，则可以用"123456"作为正确的密码测试用例，用"123"作为违反系统规格的测试用例去进行测试。总之，测试用例要具体化，不能用语言笼统描述，需要落实到具体的数据和操作步骤上，并且根据系统的规格说明，想好每一个测试用例相对应的预期测试结果。

（2）尽量地将具有相类似功能的测试用例抽象并归类。

前面我们提到过，软件测试的时间和人员成本是项目管理层面所必须考虑的重要因素，软件测试的测试用例设计方法和具体设计结果直接影响到软件测试进度和成本。因此，根据不同的软件工程项目特点和项目工程的不同测试阶段，选择合适的软件测试方法是非常重要的，同时测试用例的设计应该尽量地进行分类和归纳，能够用一个测试用例完成的测试不要采用冗余的多个测试用例。

（3）尽量地避免冗长和复杂的测试用例。

如果一个测试用例非常冗长和复杂，就要考虑将其分割为独立的、小的测试用例进行测试，因为过于复杂的测试用例一定包含了多个复杂的测试因素，不能准确地反映程序出现错误的位置。

设计测试用例是软件测试的主要工作之一，测试用例非常重要，它的作用包括以下几点。

（1）有效性。软件测试是无法穷举进行的，采用具体的、有限的测试用例可以节约测试时间，提高测试效率。

（2）可复用性。不同的测试人员执行相同的测试用例得到一致的结果，测试用例设计完成之后可以重复地拿来进行测试,特别是在回归测试中可以反复使用。

（3）可评估性和可管理性。现在,软件测试用例已经作为软件工程的量化的质量标准,测试用例的通过率及所发现的 Bug 数目也已经成为软件质量监控的重要指标。测试用例作为整个软件工程必不可缺的重要组成部分,与系统设计文档、编制完成的代码一起作为成果物交付用户,它也是软件工程成本和价值的一个重要考量因素。

第2章 黑盒测试原理与方法

2.1 黑盒测试概述

顾名思义,软件黑盒测试就是测试者把软件程序想象为一个没有打开的黑盒子,测试者不必了解程序的内部情况,不考虑程序内部逻辑结构,只根据程序的输入、输出和系统的功能而进行的测试。

黑盒测试是从用户的角度针对软件界面、功能进行测试,是软件测试的主要方法之一,也可以称为功能测试、数据驱动测试或基于规格说明的测试。

简而言之,黑盒测试就是测试者模拟用户使用一个测试版软件,对软件的功能进行测试,观察软件的功能是不是正常、是不是可以正常使用,因此软件黑盒测试法注重于测试软件的功能需求,主要试图发现下列几类错误。

- 功能不正确或遗漏;
- 界面错误;
- 数据库访问错误;
- 性能错误;
- 初始化和终止错误等。

现在,黑盒测试方法也被具体地叫做"基于输入域的测试方法""组合测试方法"等。

从理论上讲,软件黑盒测试只有采用穷举输入测试,把所有可能的输入都作为测试情况考虑,才能查出程序中所有的错误。实际上测试情况有无穷多个,人们不仅要测试所有合法的输入,而且还要对那些不合法但可能的输入进行测试。这样看来,完全测试是不可能的,所以人们要进行有针对性的测试,通过制定测试案例指导测试的实施,保证软件测试有组织、按步骤及有计划地进行。软件黑盒测试行为必须能够加以量化,才能真正保证软件质量,而测试用例就是将测试行为具体量化的方法之一。

黑盒测试的意义在于:

- 对产品进行总体功能验证;
- 发现不完备、不一致的需求;
- 检查隐含的需求;
- 反映最终用户的视角;
- 验证无效输入。

对于黑盒测试来说,进行软件需求说明书的评审属于静态黑盒测试。本书主要介绍动态黑盒测试。

软件黑盒测试的步骤是根据前期的所有文档,包括需求分析、概要设计及详细设计阶段的文档,考虑被测试系统的特点和测试阶段,利用各种适合的黑盒测试方法,先设计黑盒测试用例,再按照测试用例进行测试。若程序没有问题,填写确认时间;若程序有问题,不要修改程序,将问题详细地记录在"程序缺陷表"中,由程序开发人员修改程序,再重新进行回归测试,直到程序没有问题为止。一般黑盒测试用例数密度要大于每一千行代码30个测试用例,最终 Bug 密度应该小于每一千行代码 2.5 个测试用例。

具体的软件黑盒测试用例设计方法包括等价类划分法、边界值分析法、错误推测法、判定表法、因果图法、Pair-wise 法、正交试验设计法等。本章后面各节将详细阐述几种黑盒测试的经典方法。

2.2 等价类划分法

2.2.1 等价类划分法的原理

等价类划分法是把程序的输入域划分成若干部分(子集),然后从每个部分中选取少数代表性数据作为测试用例。每一类的代表性数据在测试中的作用等价于这一类中的其他值。该方法是一种重要的、常用的软件黑盒测试用例设计方法。

等价类是指某个输入域的子集合。在该子集合中,各个输入数据对于揭露程序中的错误都是等效的,并合理地假定:测试某等价类的代表值就等于对这一类其他值的测试。因此,可以把全部输入数据合理划分为若干等价类,在每一个等价类中取一个数据作为测试的输入条件,就可以用少量代表性的测试数据,取得较好的测试结果。

等价类包括有效等价类和无效等价类。

有效等价类是指对于程序规格说明来说合理的、有意义的输入数据构成的集合。有效等价类可以是一个,也可以是多个,根据系统的输入域划分若干部分,然后从每个部分中选取少数有代表性数据当作数据测试的测试用例,等价类是输入域的集合。

无效等价类和有效等价类相反,是指对于软件规格说明而言,没有意义的、不合理的输入数据集合。利用无效等价类,可以找出程序异常说明情况,检查程序的功能和性能的实现是否有不符合规格说明要求的地方。

设计测试用例时,要同时考虑这两种等价类。因为软件不仅要能够接收合理的数据,也要能够经受意外的考验,这样的测试才能确保软件具有更高的可靠性。

下面介绍划分等价类的方法,这里给出六条确定等价类的原则。

(1) 在输入条件规定了取值范围或值的个数的情况下,可以确立一个有效等价类和两个无效等价类,如图 2-1 所示。

(2) 在输入条件规定了输入值的集合或者规定了"必须如何"的条件的情况下,可确立一个有效等价类和一个无效等价类,如图 2-2 所示。

(3) 在输入条件是一个布尔量的情况下,可确立一个有效等价类和一个无效等价类,如图 2-3 所示。

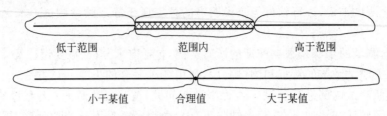

图 2-1　输入条件规定了取值范围或值的个数

图 2-2　输入条件规定了输入值的集合

图 2-3　输入条件是一个布尔量

（4）在规定了输入数据的一组值（假定 n 个），并且程序要对每一个输入值分别处理的情况下，如表 2-1 所示，可确定 n 个有效等价类和一个无效等价类。

表 2-1　对每一个输入值分别处理

个人月收入 x	税　率
$x \leqslant 1600$	0%
$1600 < x < 2100$	5%
$2100 \leqslant x < 3600$	10%
$3600 \leqslant x < 6600$	15%
$6600 \leqslant x < 21600$	20%
$21600 \leqslant x < 41600$	25%
$x \geqslant 41600$	45%

（5）在规定了输入数据必须遵守的规则的情况下，可确定一个有效等价类（符合规则）和若干个无效等价类（从不同角度违反规则）。

（6）在确知已划分的等价类中各元素在程序处理中的方式不同的情况下，应再将该等价类进一步的划分为更小的等价类。

在确定了等价类后，可建立如表 2-2 所示的等价类表，列出所有划分出的等价类。

表 2-2　定价类表

输　入　条　件	有效等价类	无效等价类
…	…	…
…	…	…

接下来，根据划分好的等价类来设计测试用例，在划分出的等价类中按以下三个原则设计测试用例。

（1）为每一个测试用例规定一个唯一的编号。

（2）设计一个新的测试用例，使其尽可能多地覆盖尚未被覆盖的有效等价类，重复这一步，直到所有的有效等价类都被覆盖为止。

（3）设计一个新的测试用例，使其仅覆盖一个尚未被覆盖的无效等价类，重复这一步，直到所有的无效等价类都被覆盖为止。

2.2.2 等价类划分法的实验

【实验目的】

（1）掌握黑盒测试的等价类划分的基本方法。

（2）利用等价类划分的方法，正确地设计测试用例。

【实验重点及难点】

重点：正确地划分等价类，并且按照等价类正确地设计测试用例。

难点：利用等价类划分技术时，容易出现划分的等价类不准确，或者遗漏等价类的情况。

【实验内容】

本次实验利用等价类划分技术为移民评估程序设计测试用例。

1. 移民评估程序

有一个简单的移民评估程序，利用该评估程序，专业的移民顾问可以快速简便地计算出移民申请人的评估分数，评估分数高的申请人办理移民的成功几率要高一些。

该评估程序是这样计算申请人的评估分数的：首先考虑申请人的年龄，年龄越大分数越低，规定年龄在 18～39 岁的申请人得 30 分，年龄在 40～59 岁的申请人得 20 分，年龄 60 岁以上的申请人得 10 分。除了申请人的年龄之外还要考虑申请人的职业技能水平，职业技能水平高的申请人可以得到 50 分，职业技能水平低的申请人可以得到 30 分。然后是申请人的英语能力，雅思考试听、说、读、写各个部分的成绩每项不少于 6 分即为英语能力高，可以得到 30 分；否则即为英语能力低，可以得到 20 分。除此之外，还要评估申请人的投资额，规定投资额每增加 10 万人民币可以加 10 分，最多加 60 分，投资额也可以为 0，最多 99 万。

根据以上规则，该评估程序可以判定移民申请人的各项评估分数，并计算出移民评估总分数。移民评估分数计算方法总结如表 2-3 所示。

表 2-3　移民评估分数计算表

年龄（18～99 岁）	18～39 岁	30 分
	40～59 岁	20 分
	60 岁以上	10 分
职业技能水平	高	50 分
	低	30 分
英语能力	优秀（雅思考试听、说、读、写成绩每项不少于 6 分）	30 分
	普通（不满足雅思考试听、说、读、写成绩每项不少于 6 分）	20 分
投资额（0～99 万）	投资额每增加 10 万人民币可以加 10 分，最多加 60 分，投资额也可以为 0，最多 99 万	

移民评估程序的接口定义如下。

```
Int Assessment(int age, String ability, String language, int investment)
```

2. 为移民评估程序准备测试用例

首先,在充分理解移民评估程序的基础上,对程序的每一个接口参数划分出等价类,注意有效等价类和无效等价类都要设计;然后为每一个等价类准备测试用例,要求设计出输入数据,并计算出评估分数的预期结果;最后撰写测试用例设计报告。

【实验原理】

等价类划分法是一种典型的、重要的黑盒测试方法,它将程序所有可能的输入数据(有效的和无效的)划分成若干个等价类。然后从每个部分中选取具有代表性的数据作为测试用例。

利用这一方法设计测试用例可以不考虑程序的内部结构,以需求规格说明书为依据,选择适当的典型子集,认真分析和推敲说明书的各项需求,特别是功能需求,以尽可能多地发现程序的错误。

由于等价类是在需求规格说明书的基础上进行划分的,并且等价类划分不仅可以用来确定测试用例中的数据的输入输出的精确取值范围,也可以用来准备中间值、状态和与时间相关的数据以及接口参数等,所以等价类划分方法可以用在系统测试、集成测试和组件测试中,在有明确的条件和限制的情况下,利用等价类划分技术可以设计出完备的测试用例。

测试用例由有效等价类和无效等价类的代表组成,从而保证测试用例具有完整性和代表性。

有效等价类是指对于程序规格说明来说是合理的、有意义的输入数据构成的集合。有效等价类可以是一个,也可以是多个,根据系统的输入域划分为若干部分,然后从每个部分中选取少数有代表性的数据作为数据测试的测试用例,等价类是输入域的集合。

无效等价类和有效等价类相反,是指对于软件规格说明而言,没有意义的、不合理的输入数据集合。利用无效等价类,可以找出程序异常说明情况,检查程序的功能和性能的实现是否有不符合规格说明要求的地方。

等价类划分就是解决如何选择适当的数据子集来代表整个数据集的问题,通过降低测试的数目去实现"合理的"覆盖,覆盖更多的可能数据,以发现更多的软件缺陷。利用这种方法可以减少设计一些不必要的测试用例,因为这种测试用例一般使用相同的等价类数据,从而使测试对象得到同样的反映行为。

根据划分好的等价类按照以下 3 个原则来设计测试用例。

(1) 为每一个测试用例规定一个唯一的编号。

(2) 设计一个新的测试用例,使其尽可能多地覆盖尚未被覆盖的有效等价类,重复这一步,直到所有的有效等价类都被覆盖为止。

(3) 设计一个新的测试用例,使其仅覆盖一个尚未被覆盖的无效等价类,重复这一步,直到所有的无效等价类都被覆盖为止。

【实验步骤】

(1) 理解移民评估程序的功能,详见【实验内容】。

（2）划分等价类。根据划分等价类的原理，为该移民评估程序的每个输入域划分等价类，具体仿照下面的年龄等价类的划分将其他等价类划分的结果填入表 2-4。

表 2-4　等价类表

	输入要求	2 位数字，范围 18～99 岁
1. 年龄	有效等价类	18～39 岁
		40～59 岁
		60～99 岁
	无效等价类	18 岁以下
		100 岁以上
		实数、汉字、字母、特殊字符等无效输入
2. 职业技能水平	输入要求	
	有效等价类	
	无效等价类	
3. 英语能力	输入要求	
	有效等价类	
	无效等价类	
4. 投资额	输入要求	
	有效等价类	
	无效等价类	

（3）准备测试用例。等价类划分好了之后，在每一个等价类中选取一个代表值作为测试用例，并连同预期测试结果一起填入表 2-5。

表 2-5　测试用例设计表

内　　容		测试用例	预 期 结 果
1. 年龄	有效等价类	27 岁	30 分
		50 岁	20 分
		70 岁	10 分
	无效等价类	6 岁	警告输入应为 18～99 岁
		100 岁	警告输入应为 18～99 岁
		34.56	警告输入应为 18～99 岁
		AA	警告输入应为 18～99 岁
		&.&	警告输入应为 18～99 岁
2. 职业技能水平	有效等价类		
	无效等价类		
3. 英语能力	有效等价类		
	无效等价类		
4. 投资额	有效等价类		
	无效等价类		

注意：本程序包含 4 个输入参数，即评估分数的 4 个决定因素，它们分别是年龄、职业技能水平、英语能力和投资额。在设计具体的测试用例时，要考虑这 4 个因素的排列组合情况。

最后请将表 2-6 移民评估程序的测试用例设计表补充完整。

表 2-6 测试用例表

编号	年龄	职业技能水平	英语能力	投资额（万）	预期输出 评估分数	测试结果 评估分数
1	27	高	优秀	10	120 分	
2						
3						

在【实验指导】中给出了等价类划分的结果、测试用例的设计结果，以及具体的测试用例设计报告。注意虽然等价类的划分结果是唯一的，但是由于对某一个等价类，不同的测试人员所选取的测试数据可以是不同的，所以测试用例并不是唯一的，但是测试用例的数量大体是一定的。

【实验指导】

（1）等价类划分。移民评估程序等价类划分的具体结果如表 2-7 所示。

表 2-7 移民评估程序的等价类划分结果

	输入要求	2 位数字，范围 18～99 岁
1. 年龄	有效等价类	18～39 岁
		40～59 岁
		60～99 岁
	无效等价类	18 岁以下
		100 岁以上
		实数、汉字、字母、特殊字符等无效输入
2. 职业技能水平	输入要求	1 个汉字
	有效等价类	高
		低
	无效等价类	实数、字母、特殊字符等无效输入
3. 英语能力	输入要求	2 个汉字
	有效等价类	优秀
		普通
	无效等价类	实数、字母、特殊字符等无效输入
4. 投资额	输入要求	2 位数字，范围 0～99 万
	有效等价类	10 万以下
		10～60 万（含）之间
		60～99 万
	无效等价类	100 万以上
		实数、汉字、字母、特殊字符等无效输入

（2）测试用例设计。测试用例设计的结果参考表2-8。

表 2-8 移民评估程序的测试用例设计结果

内 容		测 试	预 期 结 果
1. 年龄	有效等价类	27 岁	30 分
		50 岁	20 分
		70 岁	10 分
	无效等价类	6 岁	警告输入应为 18～99 岁
		100 岁	警告输入应为 18～99 岁
		34.56	警告输入应为 18～99 岁
		二十	警告输入应为 18～99 岁
		AA	警告输入应为 18～99 岁
		&.&.	警告输入应为 18～99 岁
2. 职业技能水平	有效等价类	高	50 分
		低	30 分
	无效等价类	中	警告输入应为"高"或"低"
		34.56	警告输入应为"高"或"低"
		AA	警告输入应为"高"或"低"
		&.&.	警告输入应为"高"或"低"
3. 英语能力	有效等价类	优秀	30 分
		普通	20 分
	无效等价类	一般	警告输入应为"优秀"或"普通"
		34.56	警告输入应为"优秀"或"普通"
		AA	警告输入应为"优秀"或"普通"
		&.&.	警告输入应为"优秀"或"普通"
4. 投资额	有效等价类	0 万	0 分
		30 万	30 分
		99 万	60 分
	无效等价类	100 万	警告输入应为 0～99 万
		34.56	警告输入应为 0～99 万
		二十	警告输入应为 0～99 万
		AA	警告输入应为 0～99 万
		&.&.	警告输入应为 0～99 万

表2-9为移民评估程序的完整测试用例参考，这份测试用例设计表的格式满足黑盒测试的要求，测试用例由测试用例编号、具体的测试用例输入数据和具体的程序预期输出结果、实际程序测试输出结果组成。通过比较每一个测试用例的预期输出和测试结果的异同，就可以明确该测试用例是否通过黑盒测试。

表 2-9 移民评估程序的完整测试用例参考

测试用例					预期输出	测试结果
编号	年龄	职业技能水平	英语能力	投资额(万)	评估分数	评估分数
1	27	高	普通	0	100	
2	27	高	普通	30	130	
3	27	高	普通	99	160	
4	27	高	优秀	0	110	
5	27	高	优秀	30	140	
6	27	高	优秀	99	170	
7	27	低	普通	0	80	
8	27	低	普通	30	110	
9	27	低	普通	99	140	
10	27	低	优秀	0	90	
11	27	低	优秀	30	120	
12	27	低	优秀	99	150	
13	50	高	普通	0	90	
14	50	高	普通	30	120	
15	50	高	普通	99	150	
16	50	高	优秀	0	100	
17	50	高	优秀	30	130	
18	50	高	优秀	99	160	
19	50	低	普通	0	70	
20	50	低	普通	30	100	
21	50	低	普通	99	130	
22	50	低	优秀	0	80	
23	50	低	优秀	30	110	
24	50	低	优秀	99	140	
25	70	高	普通	0	80	
26	70	高	普通	30	110	
27	70	高	普通	99	140	
28	70	高	优秀	0	90	
29	70	高	优秀	30	120	
30	70	高	优秀	99	150	
31	70	低	普通	0	60	
32	70	低	普通	30	90	
33	70	低	普通	99	120	
34	70	低	优秀	0	70	
35	70	低	优秀	30	100	
36	70	低	优秀	99	130	
37	6	低	优秀	99	年龄类无效,因此无法推算评估分数,警告输入应为18~99岁	
38	100	低	优秀	99	年龄类无效,因此无法推算评估分数,警告输入应为18~99岁	

续表

测试用例					预期输出	测试结果
编号	年龄	职业技能水平	英语能力	投资额(万)	评估分数	评估分数
39	34.56	低	优秀	99	年龄类无效,因此无法推算评估分数,警告输入应为18~99岁	
40	二十	低	优秀	99	年龄类无效,因此无法推算评估分数,警告输入应为18~99岁	
41	AA	低	优秀	99	年龄类无效,因此无法推算评估分数,警告输入应为18~99岁	
42	&.&.	低	优秀	99	年龄类无效,因此无法推算评估分数,警告输入应为18~99岁	
43	27	中	优秀	99	职业技能水平类无效,因此无法推算评估分数,警告输入应为"高"或"低"	
44	27	34.56	优秀	99	职业技能水平类无效,因此无法推算评估分数,警告输入应为"高"或"低"	
45	27	AA	优秀	99	职业技能水平类无效,因此无法推算评估分数,警告输入应为"高"或"低"	
46	27	&.&.	优秀	99	职业技能水平类无效,因此无法推算评估分数,警告输入应为"高"或"低"	
47	27	低	一般	99	英语能力类无效,因此无法推算评估分数,警告输入应为"优秀"或"普通"	
48	27	低	34.56	99	英语能力类无效,因此无法推算评估分数,警告输入应为"优秀"或"普通"	
49	27	低	AA	99	英语能力类无效,因此无法推算评估分数,警告输入应为"优秀"或"普通"	
50	27	低	&.&.	99	英语能力类无效,因此无法推算评估分数,警告输入应为"优秀"或"普通"	
51	27	低	优秀	100	投资额无效,因此无法推算评估分数,警告输入应为0~99万	
52	27	低	优秀	34.56	投资额无效,因此无法推算评估分数,警告输入应为0~99万	
53	27	低	优秀	二十	投资额无效,因此无法推算评估分数,警告输入应为0~99万	
54	27	低	优秀	AA	投资额无效,因此无法推算评估分数,警告输入应为0~99万	
55	27	低	优秀	&.&.	投资额无效,因此无法推算评估分数,警告输入应为0~99万	

另外,测试用例的设计遵循了黑盒测试的基本理论,充分考虑了年龄、职业技能水平、英语能力、投资额这4个测试因素。等价类的划分没有遗漏也没有重复,还进行了4个测试因素的排列组合情况的设计。不仅设计了有效等价类,也设计了无效等价类,并且有效等价类和无效等价类的设计都符合各自的设计原则。

【实验中需要注意的问题】

等价类划分法是黑盒测试的基本测试方法,可以说它是黑盒测试的基石和核心,无论多么复杂的程序测试,都离不开黑盒测试,也离不开等价类划分的方法,因此必须熟练地掌握这个黑盒测试的核心方法。

下面把移民评估表测试用例设计实验中初学者经常犯的错误总结如下。

(1) 测试用例设计表的格式问题。按照测试用例编写的原则,测试用例应该由测试用例编号、具体的测试用例输入数据和具体的程序预期输出结果、实际程序测试输出结果组成,这几个要素不能遗漏。

(2) 等价类的划分不要有遗漏。

(3) 等价类的划分不要重复。

(4) 充分考虑年龄、职业技能水平、英语能力、投资额这 4 个测试因素,进行 4 个测试因素的排列组合情况的设计。

(5) 有效等价类和无效等价类的设计都要符合各自的设计原则。

最后,请注意好的测试用例的设计是测试的核心,一定要树立以下的测试理念。

在测试的过程中测试用例的设计是关键,也是工作的重心和难点所在,而设计好了测试用例之后的测试,只是根据测试用例进行的程序执行和结果的记录过程,同时还需要注意以下几点。

(1) 没有设计好测试用例之前不要急于开始进行软件测试。

(2) 测试用例的设计要根据不同系统不同程序的特点,采用不同的设计方法进行。比如在程序的单元测试阶段,一般白盒测试和黑盒测试都需要进行,而系统测试阶段则一般只要进行黑盒测试即可。另外,有大量程序内部逻辑功能的程序以白盒测试为主,辅助一些黑盒测试。而有大量用户界面操作功能的程序应该以黑盒测试为主,辅助一些白盒测试。

(3) 测试用例的设计需要反复的推敲,如果一次设计不好,就要反复修改补充,直至设计出完善的测试用例为止。

(4) 杜绝测试用例重复和遗漏的情况出现。

2.3   边界值分析法

2.3.1   边界值分析法的原理

边界值分析法也是一种常用的黑盒测试方法。长期的测试工作经验告诉我们,大量的错误是发生在输入或输出范围的边界上,而不是发生在输入输出范围的内部。因此,针对各种边界情况设计测试用例,可以查出更多的错误。

使用边界值分析法设计测试用例,首先应确定边界情况。通常输入和输出等价类的边界,就是应着重测试的边界情况,应当选取正好等于、刚刚大于或刚刚小于边界的值作为测试数据,而不是选取等价类中的典型值或任意值作为测试数据。

通常情况下,软件测试所包含的边界检验类型包括数字、字符、位置、重量、速度、方位、尺寸和空间等。相应地,以上类型的边界值应该在:最大/最小、首位/末位、最上/最下、最重/最轻、最快/最慢、最高/最低、最长/最短、满/空等情况下。

下面列举几个常见的边界值的情形。

(1) 对 16 位的整数而言,32767 和 -32768 是边界。

（2）屏幕上光标在最左上、最右下位置。

（3）报表的第一行和最后一行。

（4）数组元素的第一个和最后一个。

（5）循环的第 0 次、第 1 次和倒数第 2 次、最后一次。

（6）对于 5 行数据为一页的分页显示程序，测试 0 行数据、1 行数据、5 行、6 行数据。

以下是基于边界值分析法选择测试用例的原则。

（1）如果输入条件规定了值的范围，则应取刚达到这个范围的边界的值，以及刚刚超越这个范围边界的值作为测试输入数据。

（2）如果输入条件规定了值的个数，则用最大个数、最小个数、比最小个数少一、比最大个数多一的数作为测试数据。

（3）根据规格说明的每个输出条件，应用前面的原则（1）。

（4）根据规格说明的每个输出条件，应用前面的原则（2）。

（5）如果程序的规格说明给出的输入域或输出域是有序集合，则应选取集合的第一个元素和最后一个元素作为测试用例。

（6）如果程序中使用了一个内部数据结构，则应当选择这个内部数据结构的边界上的值作为测试用例。

（7）分析规格说明，找出其他可能的边界条件。

注意：边界值的概念是广义的，不仅仅局限于数值这一种形式上，比如图 2-4 页面操作的测试中，对于复选框的测试，可以把选择所有选项、一个都不选、选择一个选项作为复数选择的边界值测试用例来进行测试。

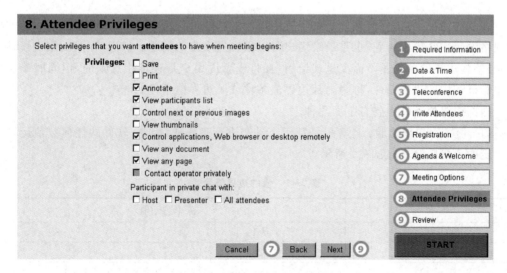

图 2-4　页面操作复选框的测试

如果在一个限制用户输入为 6 位正整数的程序的测试中，可以选取 0 位输入、1 位输入、5 位输入和 7 位输入作为边界值测试用例。

- 正常值（有效类）：$X1 = 123123$；
- 边界值（5 位输入）：$X2 = 12345$；

- 边界值(7 位输入)：$X3 = 1234567$；
- 边界值(1 位输入)：$X4 = 1$；
- 边界值(0 位输入)：$X5 = 0$；
- 无效类的值：$X6 = -123123$；
- 无效类的值：$X7 = asdasd$；
- 无效类的值：$X8 = 000123$；
- 无效类的值：$X9 = asd123$；
- 无效类的值：$X10 = Empty$。

利用边界值作为测试数据的设计思路如表 2-10 所示。

表 2-10　边界值测试用例设计思路

项	边　界　值	测试用例的设计思路
字符	起始－1 个字符/结束＋1 个字符	假设一个文本输入区域允许输入 1～255 个字符，输入 1 个和 255 个字符作为有效等价类；输入 0 个和 256 个字符作为无效等价类；这几个数值都属于边界条件值
数值	最小值－1/最大值＋1	假设某个软件的数据输入域要求输入 5 位的数据值，可以使用 10000 作为最小值；99999 作为最大值；然后使用刚好小于 5 位和大于 5 位的数值作为边界条件
空间	小于空余空间一点/大于满空间一点	例如，在用 U 盘存储数据时，使用比剩余磁盘空间大一点(几 KB)的文件作为边界条件

在多数情况下，边界值条件是基于应用程序的功能设计所需要考虑的因素，可以从软件的规格说明或常识中得到，也是最终用户可以很容易发现的问题。然而，在测试用例设计过程中，某些边界值条件是不需要呈现给用户的，或者说用户是很难注意到的，但同时确实属于检验范畴内的边界条件，称为内部边界值条件或子边界值条件。

内部边界值条件主要有下面几种。

(1) 值的边界值检验：计算机是基于二进制进行工作的，因此，软件的任何数值运算都有一定的范围限制，如表 2-11 所示。

表 2-11　值的边界值检验

项	范　围　或　值
位(bit)	0 或 1
字节(byte)	0～255
字(word)	0～65 535(单字)或 0～4 294 967 295(双字)
千(K)	1024
兆(M)	1 048 576
吉(G)	1 073 741 824

(2) 字符的边界值检验：在计算机软件中，字符也是很重要的表示元素，其中 ASCII 和 Unicode 是常见的编码方式。表 2-12 是一些常用字符对应的 ASCII 码值。

表 2-12　一些常用字符对应的 ASCII 码值

字　　符	ASCII 码值	字　　符	ASCII 码值
空（null）	0	A	65
空格（space）	32	a	97
斜杠（/）	47	Z	90
0	48	z	122
冒号（：）	58	单引号（'）	96
@	64		

（3）其他边界值检验。

2.3.2　边界值分析法的实验

【实验目的】

（1）掌握黑盒测试的边界值分析法。

（2）利用边界值分析法，正确地设计测试用例。

（3）进行测试并编写报告。

【实验环境】

（1）Windows 7，Office 2010，Microsoft Visual Studio VC++。

（2）被测程序：三角形问题程序。

【实验重点及难点】

重点：利用边界值分析法正确地设计测试用例。

难点：利用边界值分析法时，容易出现选取的边界值不准确，或者遗漏边界值的情况。

【实验内容】

（1）安装并理解被测程序。被测程序可到本教材的配套学习网站上下载。

在 Visual Studio C++平台中，打开 triangle 文件夹里的被测程序 triangle.dsw，编译运行该工程。

该程序接受 3 个整数 a、b 和 c 作为输入，用作三角形的边。程序的输出是由这三条边确定的三角形类型，它们是等边三角形、等腰三角形、不等边三角形。整数 a、b、c 必须满足以下条件：

① $1 \leqslant a \leqslant 200$。

② $1 \leqslant b \leqslant 200$。

③ $1 \leqslant c \leqslant 200$。

④ $a < b + c$。

⑤ $b < a + c$。

⑥ $c < a + b$。

（2）划分出三角形问题程序的等价类。

（3）分析被测程序的边界值。

（4）根据划分好的等价类和边界值准备测试用例，撰写测试用例设计表。

（5）按照测试用例设计表对程序进行测试，并记录实验结果，找出程序的 Bug。

【实验原理】

边界值分析法就是对输入或输出的边界值进行测试的一种黑盒测试方法。通常边界值分析法是作为对等价类划分法的补充，这种情况下，其测试用例来自等价类的边界。它与等价类划分的区别如下。

(1) 边界值分析不是从某等价类中随便挑一个作为代表，而是使这个等价类的每个边界都要作为测试条件。

(2) 边界值分析不仅考虑输入条件，还要考虑输出空间产生的测试情况。

测试用例的正常值是根据等价类划分方法设计的结果。边界值测试用例不仅要测试边界值，还要测试离边界值最近的值。

"在最小值和最大值处"是指的一般边界值分析。

"略小于最小值、最小值、略高于最小值、正常值、略低于最大值、最大值、略大于最大值"其实是健壮性边界值分析，也就是考虑了非法的意外值。

还要注意可靠性理论的"单缺陷假设"：失效极少是由两个(或多个)缺陷的同时发生引起的。

基于边界值分析法选择测试用例的原则如下。

(1) 如果输入条件规定了值的范围，则应取刚达到这个范围的边界的值，以及刚刚超越这个范围边界的值作为测试输入数据。

例如，如果程序的规格说明中规定："重量在 1 千克至 5 千克范围内的快递(重量精确到小数点后 2 位)，其运费的计算公式为……"。作为测试用例，首先选择 1 千克及 5 千克，然后还应在规格说明所规定范围的最大值 5 千克和最小值 1 千克的两边各取两个值，即还应取 4.99 及 5.01、0.99 及 1.01。

(2) 如果输入条件规定了值的个数，则用最大个数、最小个数、比最小个数少一、比最大个数多一的数作为测试数据。

例如，一个输入文件应包括 1～255 个记录，则测试用例可取 1 和 255，还应取 0 及 256 等。

(3) 将规则(1)和(2)应用于输出条件，即设计测试用例使输出值达到边界值及其左右的值。

例如，某程序的规格说明要求计算出"每月保险金扣除额为 0 至 1165.25 元"，其测试用例可取 0.00 及 1165.25，还可取 0.01、1165.24 及 1165.26 等。

再如一程序属于情报检索系统，要求每次"最少显示 1 条、最多显示 4 条情报摘要"，这时应考虑的测试用例包括 1 和 4，还应包括 0 和 5 等。

(4) 如果程序的规格说明给出的输入域或输出域是有序集合，则应选取集合的第一个元素和最后一个元素作为测试用例。

(5) 如果程序中使用了一个内部数据结构，则应当选择这个内部数据结构的边界上的值作为测试用例。

(6) 分析规格说明，找出其他可能的边界条件。

【实验步骤】

(1) 理解测试程序 triangle 的功能，详见【实验内容】。

(2) 划分等价类。写出所有等价类(有效和无效的)。

（3）分析边界值。写出所有边界值（有效和无效的）。

（4）准备测试用例，撰写测试用例设计表。测试用例设计表格式参考表 2-13。

表 2-13 测试用例设计表格式

编　　号	a	b	c	预 期 输 出	测 试 结 果
1	1	1	1	…	…
2	…	…	…	…	…

（5）按照测试用例设计表对程序进行测试，并记录实验结果。如果发现错误，修改程序，并上交改正后的程序。

要求分析程序错误原因，填写如下所示的程序错误记录。

- 测试用例编号：
- 程序位置（哪一行）：
- 错误代码：
- 正确代码：

【实验指导】

（1）以三角形的边 a 为例，等价类划分的结果如表 2-14 所述。

表 2-14 三角形问题的等价类划分表

三角形的边 a	输入要求	整数，范围 $1 \leqslant a \leqslant 200$
	有效等价类	$1 \leqslant a \leqslant 200$
	无效等价类	$a < 1$
		$a > 200$
		非数字

（2）根据以上等价类选择 1～200 之间的 100 作为测试用例，并补充一些边界值测试用例，我们选取的边界值为规定的范围最小值 1，规定的范围最大值 200，在有效等价类范围内选择比 1 大一点的 2，比 200 小一点的 199，在无效等价类范围内选择比 1 小一点的 0，比 200 大一点的 201，再补充一个非数字的英文字母 z 作为无效等价类的测试用例。测试用例设计结果如表 2-15 所示。

表 2-15 三角形问题的测试用例设计表

三角形的边 a	有效等价类	$a = 1$
		$a = 100$
		$a = 200$
		$a = 2$
		$a = 199$
	无效等价类	$a = 0$
		$a = 201$
		$a = z$

（3）准备测试用例，撰写测试用例设计表。三角形的边 b、c 的测试用例设计结果与三角形的边 a 相同，三角形问题程序的测试用例设计结果参考表 2-16。

表 2-16　三角形问题的测试用例设计结果

编号	a	b	c	预 期 输 出	实际输出
1	100	100	1	等腰	
2	100	100	2	等腰	
3	100	100	100	等边	
4	100	100	199	等腰	
5	100	100	200	不能组成三角形	
6	100	1	100	等腰	
7	100	2	100	等腰	
8	~~100~~	~~100~~	~~100~~	等边	
9	100	199	100	等腰	
10	100	200	100	不能组成三角形	
11	1	100	100	等腰	
12	2	100	100	等腰	
13	~~100~~	~~100~~	~~100~~	等边	
14	199	100	100	等腰	
15	200	100	100	不能组成三角形	
16	100	100	201	第三个数字输入不合法	
17	0	100	100	第一个数字输入不合法	
18	100	z	100	第二个数字输入不合法	

注意：需要考虑三条边所输入数值的各种排列组合情况，具体的做法如下。

① 首先，a、b 两条边均固定输入 100，c 边分别输入 1、2、100、199、200 这几种值，这样设计出测试用例 1～5。

② 然后 a、c 两条边均固定输入 100，b 边分别输入 1、2、100、199、200 这几种值，这样设计出测试用例 6～10。

③ 然后 b、c 两条边均固定输入 100，a 边分别输入 1、2、100、199、200 这几种值，这样设计出测试用例 11～15。

④ 去掉与测试用例 3 重复的测试用例 8 和 13。

⑤ 补充无效等价类的测试用例 16～18，即 201、0 和字母 z。

表 2-17 是去掉重复的测试用例后的测试用例及程序的测试结果。

表 2-17　去掉重复的测试用例后的测试用例及程序测试结果

编号	a	b	c	预 期 输 出	测 试 结 果
1	100	100	1	等腰	等腰
2	100	100	2	等腰	等腰
3	100	100	100	等边	等边
4	100	100	199	等腰	等腰
5	100	100	200	不能组成三角形	不能组成三角形
6	100	1	100	等腰	等腰

续表

编号	a	b	c	预 期 输 出	测 试 结 果
7	100	2	100	等腰	等腰
8	100	199	100	等腰	等腰
9	100	200	100	不能组成三角形	不能组成三角形
10	1	100	100	等腰	等腰
11	2	100	100	等腰	等腰
12	199	100	100	等腰	等腰
13	200	100	100	不能组成三角形	等腰
14	100	100	201	第三个数字输入不合法	第三个数字输入不合法
15	0	100	100	第一个数字输入不合法	第一个数字输入不合法
16	100	z	100	第二个数字输入不合法	第二个数字输入不合法 第三个数字输入不合法

（4）按照测试用例设计表对程序进行测试，程序运行结果窗口如图 2-5 所示。

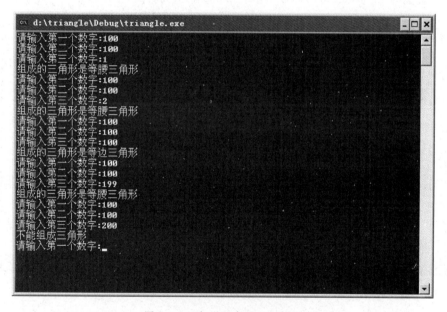

图 2-5　三角形程序的运行结果

记录实验结果，发现测试用例 13 运行错误，分析程序错误原因，填写表 2-18 所示的程序错误记录。

表 2-18　三角形问题的程序错误记录

测试用例编号	程序位置（哪一行）	错 误 代 码	正 确 代 码
13	58 行	if((j+k<i)){cout <<"不能组成三角形\n";}	if((j+k<=i)){cout <<"不能组成三角形\n";}　　　//应该是≤

注意第 16 个测试用例,无法输入第三个数字,并且错误信息如图 2-6 所示,与预期结果不吻合,有必要改进程序的输入控制。

图 2-6   测试用例 16 的错误信息

要显示详细程序清单以及每行代码的行号,需要在 Visual Studio 开发平台中采用以下方法标注程序的行号。首先找到菜单栏上的 Tools,再单击 Options,然后单击 Text Editor 前面的小"+"号,再单击 C/C++ 前面的小"+"号,单击 General 设置项,如图 2-7 所示勾选 Display 设置里的 Line numbers 选项,这样就可以显示代码的行号了。

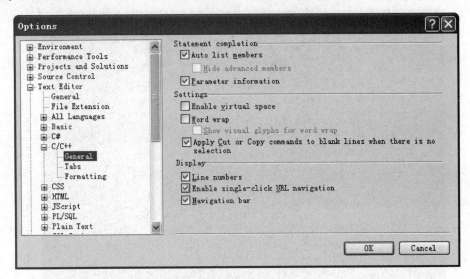

图 2-7   显示代码行号的设置

被测三角形问题程序的程序清单如下。

```
// triangle.cpp : Defines the entry point for the console application.
# include "stdafx.h"
# include "math.h"
# include < iostream >
using namespace std;
int main()
{
    int i,j,k;
    int match;
    bool isOK = true;
```

```
for(int m = 0;m < 100;m++){
    match = 0;
    isOK = true;
    cout <<"请输入第一个数字:";
    cin >> i;
    cout <<"请输入第二个数字:";
    cin >> j;
    cout <<"请输入第三个数字:";
    cin >> k;
    if(i < 1||i > 200){cout <<"第一个数字输入不合法\n";
        isOK = false;
    }
    if(j < 1||j > 200){cout <<"第二个数字输入不合法\n";
        isOK = false;
    }
    if(k < 1||k > 200){cout <<"第三个数字输入不合法\n";
        isOK = false;
    }
    if(isOK == false){return 0;}
        if(i == j){match = match + 1;}
        if(i == k){match = match + 2;}
        if(j == k){match = match + 3;}
        if(match == 0){
            if((i + j <= k)){cout <<"不能组成三角形\n";}
            else{
                if((k + j <= i)){cout <<"不能组成三角形\n";}
                else{
                    if((k + i <= j)){cout <<"不能组成三角形\n";}
                    else{cout <<"组成的是一般三角形\n";}
                }
            }
        }
    else{
    if(match == 1){
        if(i + j <= k){ cout <<"不能组成三角形\n";}
        else{ cout <<"组成的三角形是等腰三角形\n";}
    }
    else{
        if(match == 2){
            if((i + k <= j)){cout <<"不能组成三角形\n";}
            else{ cout <<"组成的三角形是等腰三角形\n";}
            }
        else{
            if(match == 3){
```

```
            if((j+k<i)){cout <<"不能组成三角形\n";}
            else{cout <<"组成的三角形是等腰三角形\n";}
          }
          else{ cout <<"组成的三角形是等边三角形\n";
          }
        }
      }
    }
  }
  return 0;
}
```

带行号的程序代码如图 2-8 和图 2-9 所示。

图 2-8　带行号的程序代码(1)

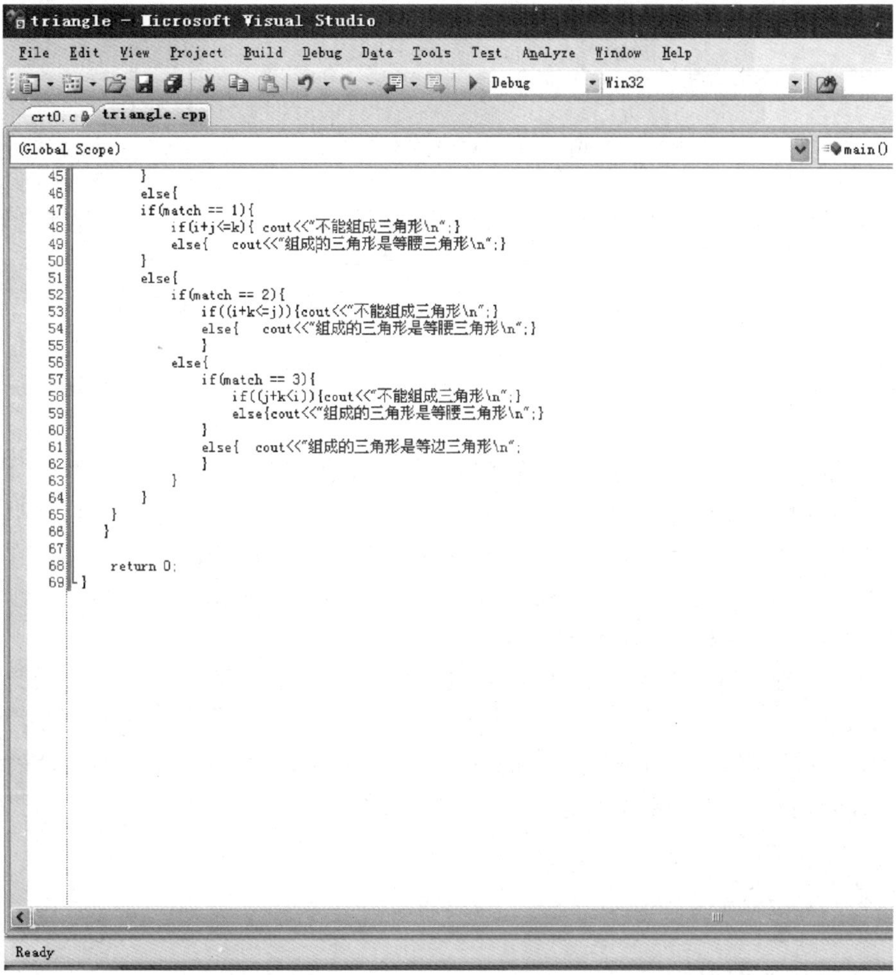

图 2-9 带行号的程序代码(2)

2.4 判定表法

2.4.1 判定表法的原理

在一些数据处理问题中,某些操作的实施依赖于多个逻辑条件的组合,即针对不同逻辑条件的组合值,分别执行不同的操作。判定表很适合于处理这类问题。

例如,打印机能否打印正确的内容,有多个影响因素,包括驱动程序、纸张、墨粉等。

对于多因素输入和输出,如果关系简单,根据一个输入组合就能直接判断输出结果,而且每个输入条件和输出结果都可以用"成立"或者"不成立"来表示,即输入条件和输出条件只有 1 和 0 两个取值,这时就采用判定表方法来设计组合(测试用例)。判定表法借助表格方式完成对输入条件的组合设计,以达到完全组合覆盖的测试效果。

判定表通常由四个部分组成,如图 2-10 所示。

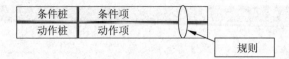

图 2-10   判定表的组成部分

(1) 条件桩(Condition Stub)：列出了问题的所有条件。通常认为列出的条件的次序无关紧要。

(2) 动作桩(Action Stub)：列出了问题规定可能采取的操作。这些操作的排列顺序没有约束。

(3) 条件项(Condition Entry)：列出针对它左列条件的取值。在所有可能情况下的真假值。

(4) 动作项(Action Entry)：列出在条件项的各种取值情况下应该采取的动作。

规则及规则合并的原则如下。

(1) 规则：任何一个条件组合的特定取值及其相应要执行的操作称为规则。在判定表中贯穿条件项和动作项的一列就是一条规则。显然，判定表中列出多少组条件取值，也就有多少条规则，即条件项和动作项有多少列。

(2) 化简：就是规则合并，有两条或多条规则具有相同的动作，并且其条件项之间存在着极为相似的关系。

例如，前面提到的打印机能否打印正确的内容的问题，首先列出所有的条件桩和动作桩。为了简化问题，不考虑中途停电、卡纸等因素的影响，则条件桩如下。

(1) 驱动程序是否正确？

(2) 是否有纸张？

(3) 是否有墨粉？

而动作桩有如下两种。

(1) 打印内容。

(2) 不同的错误提示。

假定优先警告缺纸，然后警告没有墨粉，最后警告驱动程序不对。输入条件项，即上述每个条件的值分别取"是"或者"否"，可以简化表示为 1 和 0。根据条件项的组合，确定其活动，如表 2-19 所示。

表 2-19   打印机程序的判定表

	序 号	1	2	3	4	5	6	7	8
条件	驱动程序是否正确	1	0	1	1	0	0	1	0
	是否有纸张	1	1	0	1	0	1	0	0
	是否有墨粉	1	1	1	0	1	0	0	0
动作	打印内容	1	0	0	0	0	0	0	0
	提示驱动程序不对	0	1	0	0	0	0	0	0
	提示没有纸张	0	0	1	0	0	0	1	1
	提示没有墨粉	0	0	0	1	0	1	0	0

如果结果一样,某些因素取 1 或 0 没有影响,即以"一"表示,可以合并这两项,最终优化判定表,如表 2-20 所示。

表 2-20　优化后的判定表

	序　　号	1	2	4/6	3/5/7/8
条件	驱动程序是否正确	1	0	—	—
	是否有纸张	1	1	1	0
	是否有墨粉	1	1	0	—
动作	打印内容	1	0	0	0
	提示驱动程序不对	0	1	0	0
	提示没有纸张	0	0	0	1
	提示没有墨粉	0	0	1	0

判定表法包括两值判定表和多值判定表,本书只对判定表法两值表进行说明。

2.4.2　判定表法的实验

【实验目的】

(1) 掌握黑盒测试的判定表法。

(2) 利用判定表法,正确地设计测试用例。

【实验重点及难点】

重点:利用判定表法正确地组织测试用例。

难点:利用判定表法技术时,容易出现条件和动作的各个要素分析得不准确,或者遗漏的情况。

【实验内容】

(1) 积分兑换问题。

有一个网站的积分兑换系统,只有金牌会员才能参与积分兑换,登录后可在该网站的积分商城兑奖。具体规则是:若积分 5000 及以上,则可以兑换 1 台 iPhone7 手机,兑换一次奖品积分减少 3000 分,可多次兑换;若奖品已经被其他会员兑换完了就不能再兑换了,只能保留积分。登录和会员权限都不满足的情况下优先显示"没有登录"信息。在积分不够和奖品兑完同时发生时,优先显示"积分不够"信息。

(2) 请利用判定表法的原理,设计判定表。

(3) 根据判定表,准备测试用例,撰写测试用例设计表。

【实验原理】

判定表是分析和表达多逻辑条件下执行不同操作的情况的工具。判定表的优点是能够将复杂的问题按照各种可能的情况全部列举出来,简明并避免遗漏。因此,利用判定表能够设计出完整的测试用例集合。

判定表的建立步骤如下。(根据软件规格说明)

(1) 确定规则的个数。假如有 n 个条件,每个条件有两个取值(0,1),故有 $2n$ 种规则。

(2) 列出所有的条件桩和动作桩。

(3) 填入条件项。

（4）填入动作项，得到初始判定表。

（5）简化、合并相似规则（相同动作）。

下面举例说明规则及规则合并的方法。

两规则动作项一样，条件项类似，在 1、2 条件项分别取 Y、N 时，无论条件 3 取何值，都执行同一操作 X。即要执行的动作与条件 3 无关，于是可合并。"－"表示与取值无关。

规则合并前如表 2-21 所示。

规则合并后如表 2-22 所示。

表 2-21　合并前

条件 1	Y	Y
条件 2	N	N
条件 3	Y	N
动作	X	X

表 2-22　合并后

条件 1	Y
条件 2	N
条件 3	－
动作	X

【实验步骤】

（1）理解积分兑奖程序的功能，详见【实验内容】。

（2）按照判定表法的原理，设计判定表，步骤如下。

① 分析程序规则的各个要素选定条件、动作。

② 写出条件的各个因素的各种组合形式。分别用 0 表示不具备该条件，1 表示具备该条件。

③ 根据条件和兑换规则，填出所有的动作，0 表示程序运行会出现此动作，1 表示程序不会出现此动作。

④ 最后将动作进行优化，即合并输出相同的测试用例。

【实验指导】

（1）画出判定表。通过分析，可发现这个程序有 4 个条件，分别如下。

① 用户是否登录，只有登录后才能参与本次活动。

② 用户是否金牌会员，只有金牌会员才能兑换奖品。

③ 兑奖规则规定：若积分 5000 及以上，则可以兑换 1 台 iPhone7 手机。因此还有一个条件是积分≥5000。

④ 兑奖规则规定：奖品如果数量不够了就不能兑换了，所以另外一个条件是奖品数量足够。

因此可把判定表的条件设计如下。

- 已登录；
- 金牌会员；
- 积分≥5000；
- 奖品数量足够。

判定表的动作为 5 个，分别如下。

- 弹出提示信息，显示"没有登录不能参与本次活动"；
- 弹出提示信息，显示"不是金牌会员不能参与本次活动"；
- 兑换大奖，减去 3000 积分；

- 弹出提示信息,显示"奖品数量不够";
- 弹出提示信息,显示"积分不够兑换奖品"。

然后画出表 2-23 的判定表。

表 2-23 兑奖程序的判定表

		1	2	3	4	5	6	7	8	9	10	11	12	13	14	15	16
条件	已登录	1	0	1	1	1	0	0	1	0	1	1	0	0	0	1	0
	金牌会员	1	1	0	1	1	0	1	0	1	0	1	0	0	1	0	0
	积分≥5000	1	1	1	0	1	1	0	0	1	1	0	1	0	0	0	0
	奖品数量足够	1	1	1	1	0	1	1	1	0	0	0	0	0	0	0	0
动作	提示信息"没有登录不能参与本次活动"	0	1	0	0	0	1	1	0	1	0	0	1	1	1	0	1
	提示信息"不是金牌会员不能参与本次活动"	0	0	1	0	0	0	0	1	0	1	0	0	0	0	1	0
	兑换大奖,积分－3000	1	0	0	0	0	0	0	0	0	0	0	0	0	0	0	0
	提示信息"奖品数量不够"	0	0	0	0	1	0	0	0	0	0	0	0	0	0	0	0
	提示信息"积分不够兑换奖品"	0	0	0	1	0	0	0	0	0	0	1	0	0	0	0	0

注意:

① 在表 2-23 中,先把条件罗列出来,4 个条件有 2 的 4 次方,即 16 种排列组合的情况,分别用 0 表示不具备该条件,1 表示具备该条件。

② 根据条件和兑换规则,填出所有的动作,0 表示程序运行会出现此动作,1 表示程序不会出现此动作。

③ 然后将动作进行优化。

注意到测试用例 4、11 的动作是完全相同的,即金牌会员登录后,只要他的积分<5000,不论奖品的数量够不够,程序都显示"积分不够兑换奖品"的提示信息,所以这两个用例可以合并为一个,即

登录:1;权限:1;积分≥5000:0;奖品数量:—

再来看测试用例 3、8、10、15,都是非金牌会员已经完成登录的情况,不论积分够不够兑换大奖,也不论奖品的数量够不够,程序都显示"不是金牌会员不能参与本次活动"的提示信息,因此可以将这 4 个用例合并如下。

登录:1;权限:0;积分≥5000:—;奖品数量:—

同样,测试用例 2、6、7、9、12、13、14、16,都是没有登录的情况,程序都显示"没有登录"的提示信息,因此也可以合并为一个用例,即

登录:0;权限:—;积分≥5000:—;奖品数量:—

这样经过合并,只剩下 5 个测试用例,合并后的判定表如表 2-24 所示(表 2-23 中相同灰色底色的多列合并为表 2-24 相应的灰色底色的一列)。

表 2-24　优化后的抽奖程序的判定表

		1	2/6/7/9/12/13/14/16	3/8/10/15	5	4/11
条件	已登录	1	0	1	1	1
	金牌会员	1	—	0	1	1
	积分≥5000	1	—	—	1	0
	奖品数量足够	1	—	—	0	—
动作	提示信息"没有登录不能参与本次活动"	0	1	0	0	0
	提示信息"不是金牌会员不能参与本次活动"	0	0	1	0	0
	兑换大奖,积分－3000	1	0	0	0	0
	提示信息"奖品数量不够"	0	0	0	1	0
	提示信息"积分不够兑换奖品"	0	0	0	0	1

（2）根据表 2-24 准备测试用例,撰写测试用例设计表。

【实验拓展】

如果把积分兑换的规则再制定的复杂一些,加上"5000 积分以上才能兑换奖品,500≤积分＜5000 只能抽奖"这个条件,其他条件不变。请根据以上的积分程序的规定,重新考虑这个积分兑换程序的测试用例。

2.5　Pair-wise 方法

2.5.1　Pair-wise 方法的原理

在实际的软件项目中,作为输入条件的原因非常多,每个条件不只有"是"和"否"两个值,而是有多个取值。如果输入条件多,而每个条件又有多个取值,那么这个组合数就是一个非常大的数字,如果要执行覆盖全部组合测试,其测试工作量也非常大,有时测试的时间和人力资源是不够的。利用 Pair-wise 方法可以合理有效地减少输入条件的组合数,提高测试效率。

Pair-wise 方法也称为"成对组合测试"或"两两组合测试"。就是将众多因素的值两两组合起来而大大地减少测试用例而不损失模块覆盖率和判断覆盖率。

Pair-wise 方法源于对传统的正交分析方法优化后得到的产物,它的理论来自于数学统计,主要是针对多维输入的测试。比如:

- 维度 1:Windows 和 Linux;
- 维度 2:IE、Firefox 和 360 浏览器;
- 维度 3:中文环境、英文环境、法语环境。

总共有 2×3×3＝18 种测试用例,通过 Pair-wise 算法能够大大地减少组合起来的测试用例的数量,至少减少 50% 以上。

Pair-wise 算法的核心理念,就是一组中 2 个元素组合起来,如果都在其他组中出现过,则这一组可以删除,不必测试。比如这一组有 3 个元素,两两组合,就有 3 种组合方式(有位置的),如果这 3 种组合方式,都在其余组中测试过了的话(位置也必须一样),就可以免除这一组测试用例。

比如可把 18 种测试用例罗列出来,如表 2-25 所示,Windows 这一组斜线字体所示的 5 个测试用例,与 Linux 这一组斜线字体所示的 5 个测试用例完全相同,如果在 Linux 这一组中已经测试过了,就不在 Windows 这一组进行测试了。同理,Linux 这一组其他的 4 个测试用例,与 Windows 这一组的其他 4 个测试用例完全相同,如果在 Windows 这一组中已经测试过了,就不在 Linux 这一组进行测试了,这样可以减少一半的测试用例。

表 2-25 用 Pair-wise 方法设计测试用例

Windows	IE	中文环境
		英文环境
		法语环境
	Firefox	中文环境
		英文环境
		法语环境
	360 浏览器	中文环境
		英文环境
		法语环境
Linux	IE	中文环境
		英文环境
		法语环境
	Firefox	中文环境
		英文环境
		法语环境
	360 浏览器	中文环境
		英文环境
		法语环境

这样的话,采取 Pair-wise 方法两两组合测试,测试用例为 9 个,如表 2-26 所示。

表 2-26 用 Pair-wise 方法减少测试用例

维度 1	维度 2	维度 3
Windows	360 浏览器	中文环境
Windows	Firefox	法语环境
Linux	IE	中文环境
Windows	IE	英文环境
Linux	Firefox	中文环境
Linux	IE	法语环境
Linux	Firefox	英文环境
Linux	360 浏览器	英文环境
Windows	360 浏览器	法语环境

PICT 工具是微软公司出品的一款基于 Pair-wise 测试方法的命令行生成工具。PICT 可以有效地按照两两测试的原理,进行测试用例设计。使用时,需要输入与测试用例相关的所有参数,以达到全面覆盖的效果。2.5.2 节将利用 PICT 工具进行 Pair-wise 实验。

2.5.2　Pair-wise 方法的实验

【实验目的】

(1) 掌握黑盒测试的 Pair-wise 方法。

(2) 利用 Pair-wise 测试工具 PICT,设计手机飞信程序的新消息通知设置功能的测试用例。

【实验环境】

(1) Windows 7,Office 2010,Pair-wise 测试工具 PICT。

(2) 飞信软件。

【实验重点及难点】

重点:掌握 Pair-wise 方法,并利用 Pair-wise 测试工具 PICT,正确地设计测试用例。

难点:Pair-wise 测试工具 PICT 的使用。

【实验内容】

(1) 安装 Pair-wise 测试工具 PICT 软件。

(2) 安装飞信程序。

(3) 运行 Pair-wise 测试工具 PICT,生成飞信程序的短信设置功能的测试用例。

【实验原理】

由于实际的软件测试项目的输入条件很多,条件的完全组合数是庞大的,如果靠手工方式生成组合是十分麻烦的,PICT 软件就是一个很好的 Pair-wise 测试工具,在文档中编写各个输入条件以及它们之间的约束,PICT 软件可以自动地生成两两组合的测试用例,其用例数大大地减少。一般组合数越多,测试用例数减少的越明显。这个 Pair-wise 测试工具的优点还有生成测试用例快捷高效、不容易出错。

PICT 软件下载地址是: http://www.pairwise.org/tools.asp。

【实验步骤】

(1) 安装 Pair-wise 测试工具 PICT 软件。

PICT 软件的安装步骤如下。

① 运行 PICT 软件的安装程序,单击 Next 按钮,如图 2-11 所示。

② 在图 2-12 中选中 I accept the terms in the Licence Agreement 复选框,单击 Next 按钮。

③ 选择安装路径之后,单击 Next 按钮,如图 2-13 所示。

④ 在图 2-14 中,单击 Install 按钮,开始安装软件。

如图 2-15 所示,显示正在安装。

⑤ 安装完成后单击 Finish 按钮,如图 2-16 所示。

(2) 根据飞信程序的短信设置功能,编写 PICT 的测试配置文件。

打开飞信程序,单击"设置"按钮,再单击"全部设置"按钮,如图 2-17 所示。

选择左侧的"短信"设置项,如图 2-18 所示。

图 2-11　PICT 软件安装界面

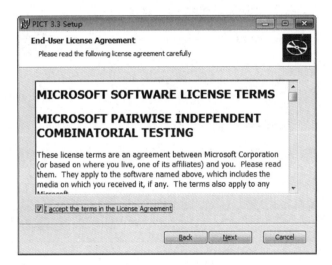

图 2-12　勾选同意安装

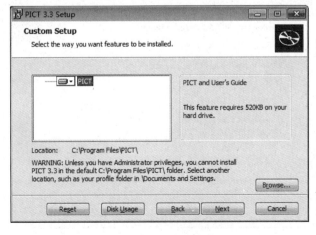

图 2-13　选择安装路径

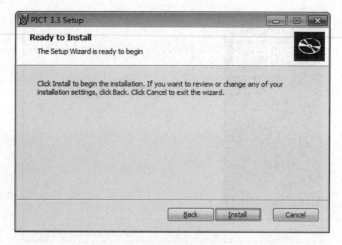

图 2-14　准备安装

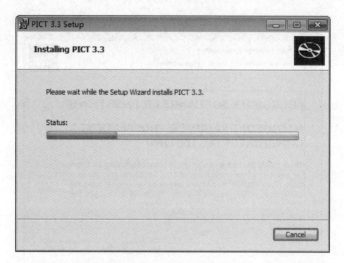

图 2-15　安装进度

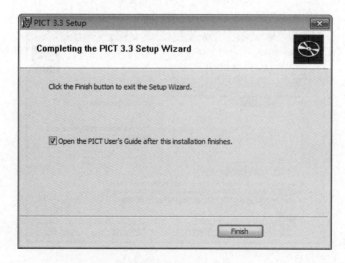

图 2-16　安装结束

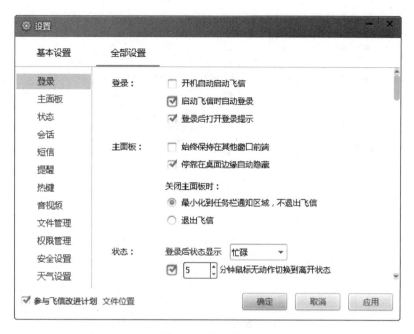

图 2-17 设置界面

图 2-18 短信设置项

"短信"设置的内容包括如下几项。

① "不接收飞信短信"复选框。只有选中了"不接收飞信短信"复选框,"不接收飞信短信"的下拉列表框才有效,否则该下拉列表框不可选,如图 2-19 所示。

"不接收飞信短信"下拉列表框内容为 24 小时内、3 天、一周、永远,如图 2-20 所示。

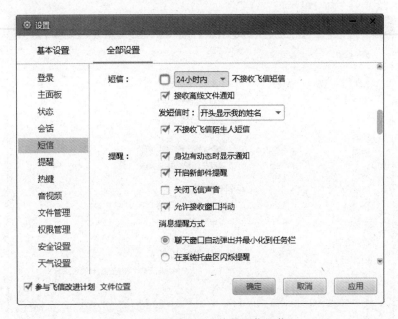

图 2-19　没有勾选"不接收飞信短信"

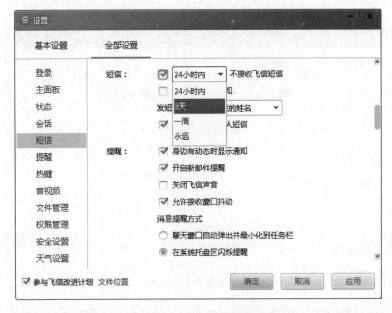

图 2-20　下拉列表框详细设置选项

②"接收离线文件通知"复选框。如图 2-21 所示,发短信时下拉框有 3 个选项,包括"开头显示我的姓名""结尾显示我的姓名"和"不显示我的姓名"。

③"不接收飞信陌生人短信"复选框。

根据以上短信设置内容,可以用记事本程序编写以下的 PICT 测试配置文件 Fetion. txt。

- 不接收飞信短信:真,假;
- 不接收飞信短信时间:24 小时内,3 天,一周,永远,不可选;

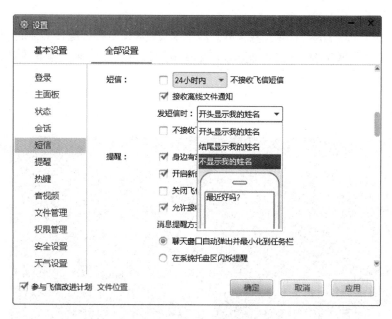

图 2-21 发短信时的详细设置

- 接收离线文件通知：真，假；
- 发短信时：开头显示我的姓名，结尾显示我的姓名，不显示我的姓名；
- 不接收飞信陌生人短信：真，假。

如果没有选中"不接收飞信短信"复选框，则"不接收飞信短信"的下拉列表框是无效的，该下拉框不可选。所以"不接收飞信短信"这个测试项要增加一个"不可选"的选项。并且在没有选中"不接收飞信短信"复选框时，"不接收飞信短信"的下拉列表框一定为"不可选"。而如果选中了"不接收飞信短信"复选框，则"不接收飞信短信"的下拉列表框是可选的，4 个选项为"24 小时内""3 天""一周""永远"，所以在 txt 文件中增加下面的约束条件：

```
IF [不接收飞信短信] = "假"
   THEN ([不接收短信时间] = "不可选");
IF [不接收飞信短信] = "真"
   THEN ([不接收短信时间] IN {"24 小时内","3 天","一周","永远"});
```

另外，由于选中了"不接收飞信短信"后，"不接收飞信陌生人短信"就被自动勾选了，所以增加下面的约束条件：

```
IF [不接收飞信短信] = "真"
   THEN ([不接收飞信陌生人短信] = "真");
```

如果"不接收飞信陌生人短信"没有选中，"不接收飞信短信"也自动不被勾选，所以增加下面的约束条件：

```
IF [不接收飞信陌生人短信] = "假"
   THEN ([不接收飞信短信] = "假");
```

（3）利用 Pair-wise 测试工具 PICT 软件，生成测试用例。

【实验指导】

(1) 按照图 2-22 所示，利用【实验步骤】(2)中编写的 PICT 测试配置文件 f:\Fetion.txt，在命令提示符下输入 PICT 命令（格式如下），将生成的测试用例输出到 f 盘下的名为 Result.xls 的 Excel 文件中。

PICT f:\Fetion.txt > f:\Result.xls

图 2-22 运行 PICT 软件

(2) PICT 软件生成在 Result.xls 中的测试用例为 16 个，如表 2-27 所示。

表 2-27 PICT 软件生成的测试用例

测试用例编号	不接收飞信短信	不接收短信时间	接收离线文件通知	发 短 信 时	不接收飞信陌生人短信
1	真	永远	真	不显示我的姓名	真
2	真	一周	假	结尾显示我的姓名	真
3	真	3 天	假	不显示我的姓名	真
4	真	24 小时内	假	不显示我的姓名	真
5	真	一周	真	不显示我的姓名	真
6	真	永远	真	结尾显示我的姓名	真
7	真	24 小时内	真	结尾显示我的姓名	真
8	真	24 小时内	假	开头显示我的姓名	真
9	假	不可选	真	不显示我的姓名	假
10	真	3 天	真	结尾显示我的姓名	真
11	假	不可选	假	开头显示我的姓名	真
12	真	3 天	真	开头显示我的姓名	真
13	真	永远	假	开头显示我的姓名	真
14	假	不可选	假	结尾显示我的姓名	假
15	假	不可选	真	开头显示我的姓名	假
16	真	一周	假	开头显示我的姓名	真

（3）再来回顾一下，飞信短信设置页面的设置条件包括以下几项。

- 不接收飞信短信：真，假；
- 不接收短信时间：24 小时内，3 天，一周，永远，不可选；
- 接收离线文件通知：真，假；
- 发短信时：开头显示我的姓名，结尾显示我的姓名，不显示我的姓名；
- 不接收飞信陌生人短信：真，假。

按照这样的测试条件，如果完全组合，组合数是相当大的，5 个测试项总共有 $2 \times 5 \times 2 \times 3 \times 2 = 120$ 种测试用例，通过 Pair-wise 算法，生成的测试用例为 16 个，大大地减少了组合起来的测试用例的数量。

第3章

白盒测试原理与方法

3.1 白盒测试概述

白盒测试又称结构测试、透明盒测试、逻辑驱动测试或基于代码的测试。白盒测试是一种测试用例设计方法,盒子指的是被测试的软件,白盒指的是盒子是可视的,测试人员清楚盒子内部的东西以及里面是如何运作的。

白盒测试的目的:通过检查软件内部的逻辑结构,对软件中的逻辑路径进行覆盖测试;检查程序的状态,以确定实际运行状态与预期状态是否一致。

白盒测试的特点:依据软件详细设计说明书进行测试,对程序内部细节进行严密检验,针对特定条件设计测试用例,对软件的逻辑路径进行覆盖测试。

白盒测试的方法:总体上分为静态方法和动态方法两大类。静态分析是一种不通过执行程序而进行测试的技术。静态分析的关键功能是检查软件的表示和描述是否一致,是否没有冲突或者没有歧义。动态分析的主要特点是当软件系统在模拟的或真实的环境中执行之前、之中和之后,对软件系统行为的分析。动态分析包含了程序在受控的环境下使用特定的期望结果进行正确的运行,它显示了一个系统在检查状态下是正确还是不正确。在动态分析技术中,最重要的技术是路径和分支测试。下面要介绍的 6 种覆盖测试方法属于动态分析方法。

图 3-1 是一个被测模块的流程图,下面以此为例分别阐述几种白盒逻辑覆盖测试的原理。

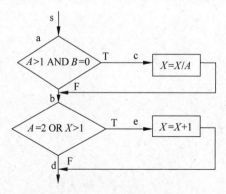

图 3-1 一个被测模块的流程图

3.1.1 语句覆盖

1．主要特点

语句覆盖是最起码的结构覆盖要求,语句覆盖要求设计足够多的测试用例,使得程序中每条语句至少被执行一次。

2．测试用例设计

为了使语句都被执行,程序的执行路径应该是 sacbed。只需要输入下面的测试用例数据(实际上 X 可以是任意实数),如表 3-1 所示。

$A=2, B=0, X=4$。

表 3-1 语句覆盖测试用例表

编 号	A	B	X	路 径
1	2	0	4	sacbed

3．优点

可以很直观地从源代码得到测试用例,无需细分每条判定表达式。

4．缺点

由于这种测试方法仅仅针对程序逻辑中显式存在的语句,对于隐藏的条件和可能到达的隐式逻辑分支,是无法测试的。在上面的例子中,两个判定条件都只测试了条件为真的情况,如果条件为假时处理有错误显然不能发现。

语句覆盖对于多分支的逻辑运算是无法全面反映的,它只在乎运行一次,而不考虑其他情况。

3.1.2 判定覆盖

1．主要特点

判定覆盖又称为分支覆盖,它要求设计足够多的测试用例,使得程序中每个判定至少有一次为真值,有一次为假值,即程序中的每个分支至少执行一次。每个判断的取真、取假至少执行一次。

2．测试用例设计

判定覆盖测试用例如表 3-2 所示。

表 3-2 判定覆盖测试用例表

编 号	A	B	X	路 径
1	4	0	3	sacbd
2	2	1	1	sabed

3. 优点

判定覆盖测试了每个分支的情况，当然也就具有比语句覆盖更强的测试能力。同样，判定覆盖也具有和语句覆盖一样的简单性，无需细分每个判定中的每个条件就可以得到测试用例。

4. 缺点

往往大部分的判定语句是由多个逻辑条件组合而成（如判定语句中包含 AND、OR、CASE），若仅仅判断其整个最终结果，而忽略每个条件的取值情况，必然不易发现代码中的错误。

3.1.3　条件覆盖

1. 主要特点

条件覆盖要求设计足够多的测试用例，使得判定中的每个条件获得各种可能的结果，即每个条件至少有一次为真值，有一次为假值。如图 3-1 中共有两个判定表达式，每个表达式中有两个条件，为了做到条件覆盖，选取的测试数据使得：

① 在 a 点有下述各种结果出现：$A>1,A\leqslant1,B=0,B\neq0$。
② 在 b 点有下述各种结果出现：$A=2,A\neq2,X>1,X\leqslant1$。

只需要使用下面两组测试数据就可以达到上述覆盖标准：

$A=2,B=0,X=4$（满足 $A>1,B=0,A=2$，$X>1$ 的条件；执行路径 sacbed）。
$A=1,B=1,X=1$（满足 $A\leqslant1$，$B\neq0$，$A\neq2$，$X\leqslant1$ 的条件；执行路径 sabd）。

2. 测试用例设计

条件覆盖测试用例如表 3-3 所示。

表 3-3　条件覆盖测试用例

编　号	A	B	X	路　径
1	2	0	4	sacbed
2	1	1	1	sabd

3. 优点

显然条件覆盖比判定覆盖要强，因为它使判定表达式中的每个条件都取得了各个不同的结果，判定覆盖却只关心整个判定表达式的值。例如，上面两组测试数据也同时满足判定覆盖标准。

4. 缺点

要达到条件覆盖，需要足够多的测试用例，但条件覆盖并不能保证判定覆盖。条件覆盖只能保证每个条件至少有一次为真，而不考虑所有的判定结果。

虽然每个条件都取得了两个不同的结果,判定表达式却始终只取一个值。例如,如果使用表 3-4 的两组测试用例,则只满足条件覆盖标准,并不满足判定覆盖标准(第 2 个判定表达式的值总是为真)。

$A=2,B=0,X=1$(满足 $A>1,B=0,A=2,X\leqslant1$ 的条件;执行路径 sacbed)。

$A=1,B=1,X=2$(满足 $A\leqslant1,B\neq0,A\neq2,X>1$ 的条件;执行路径 sabed)。

表 3-4 不满足判定覆盖的条件覆盖测试用例

编 号	A	B	X	路 径
1	2	0	1	sacbed
2	1	1	2	sabed

3.1.4 判定/条件覆盖

既然判定覆盖不一定包含条件覆盖,条件覆盖也不一定包含判定覆盖,自然会提出一种同时满足这两种覆盖标准的逻辑覆盖,这就是判定/条件覆盖。

1. 主要特点

设计足够多的测试用例,使得判定中每个条件的所有可能结果至少出现一次,每个判定本身所有可能结果也至少出现一次。

2. 测试用例设计

判定/条件覆盖测试用例如表 3-5 所示。

表 3-5 判定/条件覆盖的测试用例

编 号	A	B	X	路 径
1	2	0	4	sacbed
2	1	1	1	sabd

3. 优点

判定/条件覆盖满足判定覆盖准则和条件覆盖准则,弥补了二者的不足。

4. 缺点

判定/条件覆盖准则的缺点是未考虑条件的组合情况。

3.1.5 条件组合覆盖

1. 主要特点

条件组合覆盖是更强的逻辑覆盖标准,要求设计足够多的测试用例,使得每个判定中条件结果的所有可能组合至少出现一次。从流程图中可以看到,共有下列 8 种可能的条件组合。

① $A>1,B=0$。

② $A>1,B\neq0$。

③ $A\leqslant1,B=0$。

④ $A\leqslant1,B\neq0$

⑤ $A=2,X>1$。

⑥ $A=2,X\leqslant1$。

⑦ $A\neq2,X>1$。

⑧ $A\neq2,X\leqslant1$。

和其他逻辑覆盖标准中的测试数据不同,X 值是指在程序流程图第二个判定框(b 点)的 X 值。

下面的 4 组数据可以使得上面的 8 种条件组合的每种至少出现一次。

$A=2,B=0,X=4$(针对①、⑤两种组合;执行路径 sacbed)。

$A=2,B=2,X=1$(针对②、⑥两种组合;执行路径 sabed)。

$A=1,B=0,X=2$(针对③、⑦两种组合;执行路径 sabed)。

$A=1,B=1,X=1$(针对④、⑧两种组合;执行路径 sabd)。

2. 测试用例设计

条件组合覆盖测试用例如表 3-6 所示。

表 3-6　条件组合覆盖的测试用例

编　　号	A	B	X	路　　径
1	2	0	4	sacbed
2	2	2	1	sabed
3	1	0	2	sabed
4	1	1	1	sabd

3. 优点

显然满足条件组合标准的测试数据也一定满足判定覆盖、条件覆盖和判定/条件覆盖准则。因此条件组合覆盖是前述几种覆盖标准中最强的。

4. 缺点

线性地增加了测试用例的数量。

3.1.6　基本路径覆盖

1. 主要特点

设计足够的测试用例,覆盖程序中所有可能的路径。也就是说,使得程序的每条可能路径都至少执行一次。若流程图中有环,则每个环至少经过一次。

2．测试用例设计

路径覆盖测试用例如表 3-7 所示。

表 3-7　路径覆盖的测试用例

编　　号	A	B	X	路　　径
1	1	1	1	sabd
2	1	1	2	sabed
3	3	0	1	sacbd
4	2	0	4	sacbed

在上述程序流程图中，一共有四条可能的执行路径，即 sabd、sabed、sacbd 和 sacbed。因此，对于这个例子，为了做到路径覆盖必须设计四组测试数据。上面的四组测试数据可以满足路径覆盖的要求。

3．优点

路径覆盖是相当强的逻辑标准，它保证程序中的每条可能的路径都至少执行一次，因此这样的测试数据更有代表性，暴露错误的能力也比较强。这种测试方法可以对程序进行彻底的测试，比前面 5 种的覆盖面都广。

4．缺点

由于路径覆盖需要对所有可能的路径进行测试（包括循环、条件组合、分支选择等），那么需要设计大量、复杂的测试用例，使得工作量呈指数级增长。

为了做到路径覆盖，只需考虑每个判定表达式的取值，并没有检验表达式中条件的各种可能组合情况。如果把路径覆盖和条件覆盖结合起来，可以设计出检错能力更强的测试数据。对于上述例子，只要把路径覆盖的第三组测试数据和前面给出的条件组合覆盖的四组测试数据联合起来，就可以做到既满足路径覆盖标准又满足条件组合覆盖标准。

3.1.7　白盒测试与黑盒测试的比较

黑盒测试方法是把被测试对象看成一个黑盒子，测试人员完全不考虑程序内部结构和处理过程，只在软件的接口处进行测试。根据需求规格说明书，检查程序是否满足功能要求，因此，黑盒测试又称为功能测试或数据驱动测试。

白盒测试方法是把测试对象看作一个打开的盒子，测试人员必须了解程序的内部结构和处理过程，以检查处理过程的细节为基础，对程序中尽可能多的逻辑路径进行测试，检验内部控制结构和数据结构是否有错，实际的运行状态与预期的状态是否一致。

另外，白盒测试一般是单元测试时必须做的基本测试，主要由程序开发人员来进行测试。黑盒测试则贯穿单元测试、集成测试和系统测试的整个过程，一般单元阶段的黑盒测试主要由程序开发人员来进行，集成测试和系统测试阶段的黑盒测试主要由专门的测试小组和质量保证人员进行，并由程序开发人员辅助完成。

1．白盒测试的优点

（1）迫使测试人员去仔细思考软件的实现。

（2）可以检测代码中的每条分支和路径。

（3）揭示隐藏在代码中的错误。

（4）对代码的测试比较彻底。

（5）最优化。

2．白盒测试的缺点

（1）昂贵。

（2）无法检测代码中遗漏的路径和数据敏感性错误。

（3）不验证规格的正确性。

3．黑盒测试的优点

（1）对于较大的代码单元，黑盒测试的效率更高。

（2）测试人员不需要了解程序的细节。

（3）测试人员和编码人员相对独立。

（4）从用户的视角进行测试，很容易被理解和接受。

（5）有助于暴露任何规格不一致或有歧义的问题。

（6）测试用例的设计可以不必等到编码完成，可以在规格完成之后马上进行。

4．黑盒测试的缺点

（1）只有一小部分可能的输入被测试到，要测试每个可能的输入几乎是不可能的。

（2）没有清晰、简明的规格，测试用例很难设计。

3.2　白盒测试实验

【实验目的】

（1）掌握白盒测试的基本方法。

（2）利用语句覆盖、判定覆盖、条件覆盖、路径覆盖正确地设计白盒测试用例。

【实验重点及难点】

重点：掌握白盒测试经典的语句覆盖、判定覆盖、条件覆盖、路径覆盖的测试方法。

难点：利用语句覆盖、判定覆盖、条件覆盖、路径覆盖各自的特点，用最少的测试用例进行测试。

【实验原理】

白盒测试也称结构测试或逻辑驱动测试，它是按照程序内部的结构测试程序，考虑程序代码、代码结构以及内部设计流。通过测试来检测产品内部动作是否按照设计规格说明书的规定正常进行，检验程序中的每条通路是否都能按预定要求正确工作。白盒测试的主要方法有静态测试和动态测试。白盒测试的方法有助于缩短缺陷引入程序代码和将其检测出来之间的延迟。

由于白盒测试是一种被广泛使用的逻辑测试方法，是由程序内部逻辑驱动的一种单元测试方法，所以只有对程序内部十分了解，才能进行适度有效的白盒测试。但是贯穿在程序内部的逻辑存在着不确定性和无穷性，尤其对于大规模复杂软件，因此人们不能穷举所有的逻辑路径。

正确使用白盒测试，就要先从代码分析入手，根据不同的代码逻辑规则、语句执行情况，选用适合的覆盖方法。任何一个高效的测试用例，都是针对具体测试场景的。逻辑测试不是片面的测试正确的结果或是测试错误的结果，而是尽可能地全面地覆盖每一个逻辑路径。

逻辑覆盖的方法有很多种，包括语句覆盖、判定覆盖、条件覆盖和路径覆盖等。

【实验内容】

（1）根据所给程序的流程图 3-2，分别用最少的测试用例完成语句覆盖、判定覆盖、条件覆盖、路径覆盖的测试设计。

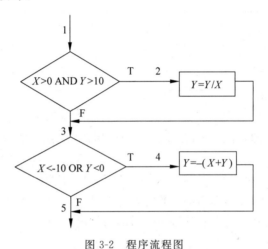

图 3-2　程序流程图

（2）编写测试用例报告。

【实验指导】

（1）将流程图 3-2 简化为图 3-3，并加以分析。

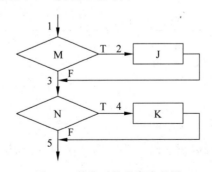

图 3-3　简化后的程序流程图

可以看出，图 3-3 中有两个判定：判定 $M=\{X>0 \text{ and } Y>10\}$ 和判定 $N=\{X<-10 \text{ or } Y<0\}$。

其中判定 M 包含了下列两个条件：

- 条件 $X>0$：取真时为 T1，取假时为 F1；
- 条件 $Y>10$：取真时为 T2，取假时为 F2。

判定 N 也包含了下列两个条件：

- 条件 $X<-10$：取真时为 T3，取假时为 F3；
- 条件 $Y<0$：取真时为 T4，取假时为 F4。

由图 3-3 可以看出，该程序模块有 4 条不同的路径：

$$P1：(1\text{-}3\text{-}5) \quad P2：(1\text{-}3\text{-}4)$$
$$P3：(1\text{-}2\text{-}5) \quad P4：(1\text{-}2\text{-}4)$$

（2）完成语句覆盖、判定覆盖、条件覆盖和路径覆盖的测试设计。

测试用例表可以参考表 3-8 设计。其中输出值为图 3-3 中"3"点的 X、Y 值。

表 3-8　测试用例表

测 试 用 例	具体取值条件	覆盖判定	覆盖路径
输入：$\{X=\quad,Y=\}$ 输出：$\{X=\quad,Y=\}$	$X\leqslant0,Y\leqslant10$ $X\geqslant-10,Y\geqslant0$	M=.F. N=.F.	P4：(1-3-5)
…	…	…	…

① 语句覆盖。

根据语句覆盖的原理，可以设计以下两个测试用例，使程序中的语句都执行一遍，从而达到语句覆盖。

当 $X=1$，$Y=15$ 时，即 $X>0$，$Y>10$，执行 $Y=Y/X$ 的逻辑。

当 $X=-15$，$Y=-15$ 时，即 $X\leqslant0$，$Y\leqslant10$，执行 $Y=-(Y+X)$ 的逻辑。

表 3-9 所示的测试用例完成了对程序中的语句的覆盖。

表 3-9　语句覆盖的测试用例

测 试 用 例	具体取值条件	覆盖语句	覆盖路径
输入：$\{X=1,Y=15\}$ 输出：$\{X=1,Y=15\}$	$X>0,Y>10$ $X\geqslant-10,Y\geqslant0$	$Y=Y/X$	P1：(1-2-5)
输入：$\{X=-15,Y=-15\}$ 输出：$\{X=-15,Y=-15\}$	$X\leqslant0,Y\leqslant10$ $X<-10,Y<0$	$Y=-(Y+X)$	P2：(1-3-4)

② 判定覆盖。

图 3-3 中有两个判定，即

判定 M = { X>0 and Y>10}
判定 N = { X<-10 or Y<0}

根据判定覆盖的原理，可以设计以下两个测试用例，使判定 M、N 分别为真和假，从而达到判定覆盖。

当 $X=1$，$Y=15$ 时，即 $X>0$，$Y>10$，判定 M=.T.，N=.F.。

当 $X=-15$，$Y=-15$ 时，即 $X\leqslant0$，$Y\leqslant10$，判定 M=.F.，N=.T.。

如表 3-10 所示，判定 M、N 分别为真和假，就完成了对判定 M、N 的覆盖。

表 3-10　判定覆盖的测试用例

测 试 用 例	具体取值条件	覆盖判定	覆盖路径
输入：$\{X=1,Y=15\}$ 输出：$\{X=1,Y=15\}$	$X>0,Y>10$ $X\geqslant-10,Y\geqslant0$	$M=.\,T.$ $N=.\,F.$	P1：(1-2-5)
输入：$\{X=-15,Y=-15\}$ 输出：$\{X=-15,Y=-15\}$	$X\leqslant0,Y\leqslant10$ $X<-10,Y<0$	$M=.\,F.$ $N=.\,T.$	P2：(1-3-4)

③ 条件覆盖。

判定 M 包含了下列两个条件：

- 条件 $X>0$：取真时为 T1,取假时为 F1;
- 条件 $Y>10$：取真时为 T2,取假时为 F2。

判定 N 也包含了下列两个条件：

- 条件 $X<-10$：取真时为 T3,取假时为 F3;
- 条件 $Y<0$：取真时为 T4,取假时为 F4。

根据条件覆盖的思想,需要使得两个判定中的各个条件分别取"真"或者"假"来设计相应的测试用例,如表 3-11 所示。

表 3-11　条件覆盖的测试用例

测 试 用 例	具体取值条件	覆盖判定	覆盖条件	覆盖路径
输入：$\{X=1,Y=15\}$ 输出：$\{X=1,Y=15\}$	$X>0,Y>10$ $X\geqslant-10,Y\geqslant0$	$M=.\,T.$ $N=.\,F.$	T1,T2,F3,F4	P1：(1-2-5)
输入：$\{X=-15,Y=-15\}$ 输出：$\{X=-15,Y=-15\}$	$X\leqslant0,Y\leqslant10$ $X<-10,Y<0$	$M=.\,F.$ $N=.\,T.$	F1,F2,T3,T4	P2：(1-3-4)

④ 路径覆盖。

由图 3-3 可以看出,该程序模块有下列 4 条不同的路径。

$$P1：(1-3-5)\quad P2：(1-3-4)$$
$$P3：(1-2-5)\quad P4：(1-2-4)$$

根据路径覆盖的思想,设计相应的测试用例,使得程序的每条路径都执行一次,对于路径 P4：(1-2-4),由于程序逻辑本身的原因,没有测试用例能够满足此路径的要求,因此如表 3-12 所示,只能够覆盖 3 条测试路径。

表 3-12　路径覆盖的测试用例

测 试 用 例	具体取值条件	覆盖判定	覆盖条件	覆盖路径
输入：$\{X=1,Y=15\}$ 输出：$\{X=1,Y=15\}$	$X>0,Y>10$ $X\geqslant-10,Y\geqslant0$	$M=.\,T.$ $N=.\,F.$	T1,T2,F3,F4	P1：(1-2-5)
输入：$\{X=-15,Y=-15\}$ 输出：$\{X=-15,Y=-15\}$	$X\leqslant0,Y\leqslant10$ $X<-10,Y<0$	$M=.\,F.$ $N=.\,T.$	F1,F2,T3,T4	P2：(1-3-4)
输入：$\{X=1,Y=1\}$ 输出：$\{X=1,Y=1\}$	$X\leqslant0,Y\leqslant10$ $X\geqslant-10,Y\geqslant0$	$M=.\,F.$ $N=.\,F.$	T1,F2,F3,F4	P3：(1-3-5)

第 ② 篇　软件测试的技术

第4章 单元测试

4.1 单元测试概述

4.1.1 什么是单元测试

测试是为了发现程序中的错误而执行程序的过程,好的测试方案是极可能发现迄今为止尚未发现的错误的测试方案;成功的测试是发现了至今为止尚未发现的错误的测试。测试是保证编码产品质量的重要手段之一。

单元测试(Unit Testing,UT)是指对软件中的最小可测试单元进行检查和验证。

程序单元是应用的最小可测试部件。对于单元测试中单元的含义,一般来说,要根据实际情况去判定其具体含义,如C语言中单元指一个函数,Java语言里单元指一个类,图形化的软件中可以指一个窗口或一个菜单等。总的来说,单元就是人为规定的最小的被测功能模块。

单元测试是在软件开发过程中要进行的最低级别的测试活动,软件的独立单元将在与程序的其他部分相隔离的情况下进行测试。通常来说,程序员每修改一次程序就会进行最少一次单元测试,在编写程序的过程中前后很可能要进行多次单元测试,以证实程序达到软件规格书要求的工作目标,没有程序错误。经过这个阶段的测试工作,应该排查出与详细设计不符的Bug。

单元测试是在计算机编程中针对程序模块(软件设计的最小单位)来进行正确性检验的测试工作。如果要给单元测试定义一个明确的范畴,指出哪些功能是属于单元测试,这似乎很难。但下面讨论的4个问题,基本上可以说明单元测试的范畴,即单元测试所要做的工作。

(1) 它的行为和所期望的一致吗?

这是单元测试最根本的目的,我们就是用单元测试的代码来证明它所做的就是我们所期望的。

(2) 它的行为一直和所期望的一致吗?

编写单元测试用例,如果只测试代码的一条正确路径,让它正确走一遍,并不算是真正的完成。软件开发是一项复杂的工程,在测试某段代码的行为是否和所期望的一致时,需要确认：在任何情况下，这段代码是否都和所期望的一致。例如，参数很可疑、硬盘没有剩余空间、缓冲区溢出、网络掉线时。

（3）可以依赖单元测试吗？

不能依赖的代码是没有多大用处的。既然单元测试是用来保证代码的正确性，那么单元测试也一定要值得依赖。

（4）单元测试说明本人的意图了吗？

单元测试能够帮我们充分了解代码的用法，从效果上而言，单元测试就像是能执行的文档，说明了在使用各种条件调用代码时，所能期望这段代码完成的功能。

4.1.2　单元测试中的测试用例设计

前面已经说了，测试用例的核心是输入数据。预期输出是依据输入数据和程序功能来确定的。也就是说，对于某一程序，输入数据确定了，预期输出也就可以确定了，至于生成/销毁被测试对象和运行测试的语句，是所有测试用例都大同小异的，因此，我们讨论测试用例时，只讨论输入数据。

显然，把输入数据的所有可能取值都进行测试是不可能也是无意义的，应该用一定的规则选择有代表性的数据作为输入数据。这些数据主要有正常输入、边界输入和非法输入 3 种，每种输入还可以分类，也就是平常说的等价类法，每类取一个代表数据作为输入数据，如果测试通过，可以肯定同类的其他输入也是可以通过的。下面举例说明。

1．正常输入的数据

例如，字符串的 Trim 函数，功能是将字符串前后的空格去除，那么正常的输入数据可以有 4 类，即前面有空格、后面有空格、前后均有空格和前后均无空格。

2．边界输入的数据

上例中空字符串可以看作是边界输入数据。

再如一个表示年龄的参数，它的有效范围是 $0 \sim 100$，那么边界输入数据有 0 和 100 两个。

3．非法输入的数据

非法输入的数据是正常取值范围以外的数据，或使代码不能完成正常功能的输入，如上例中表示年龄的参数，小于 0 或大于 100 都是非法输入；再如，一个进行文件操作的函数，非法输入有 4 类，即文件不存在、目录不存在、文件正在被其他程序打开和权限错误。

如果函数使用了外部数据，则正常输入是肯定会有的，而边界输入和非法输入不是所有函数都有。一般情况下，即使没有设计文档，考虑以上 3 种输入也可以找出函数的基本功能点。实际上，单元测试与代码编写是"一体两面"的关系，编码时对上述 3 种输入都是必须考虑的，否则代码的健壮性就会成问题。

4.1.3　单元测试的过程

单元测试主要由程序的开发人员自己来测试，因为开发人员最熟悉自己编写的代码，无论从结构还是功能,只有开发人员最清楚。一般的白盒测试都要求了解代码本身和代码的用途,所以中小项目由开发者自己做测试是合适的。当然,除了程序员自己进行单元测试以外,一个开发小组的程序员之间互相进行代码审查也不失为一种好的单元测试方法,毕竟从他人的角度有可能发现程序员本人不易发现的问题。另外,一些复杂的程序单元,也可以在开发小组内进行交叉测试,程序员互相测试对方的程序,这样更有利于发现程序的问题。

现在单元测试的做法是,单元测试用例的设计工作可以与编写代码同时进行(测试的时候也可以再添加一些用例)。当软件模块详细设计已经完成,在代码被开发的过程中,单元测试人员就可以开始制定《单元测试方案》,设计单元测试的测试用例,编写测试驱动程序。单元测试可以由本模块的开发人员进行,也可以由项目组内的开发人员交叉进行。经过多轮循环的单元测试→发现 Bug→修复 Bug→单元测试,测试通过后,单元测试人员填写该模块的《单元测试报告》,并把历次测试发现的 Bug 的情况(条目、类型、解决结果)记录在《单元测试报告》中。

单元测试是软件测试的重要一环,确保每个程序单元被正确地编码,即确保每个程序单元反映了详细设计的全部内容并且没有做详细设计没有要求做的事情。

特别要注意的是,大规模的系统在进行单元测试的时候,要把发现的共通问题迅速地告知所有正在编写类似单元的开发人员,这样,某些与之类似的错误就可以快速地得以避免和纠正,便于节省开发工时,提高整个系统的开发效率。

4.1.4　单元测试的主要测试手段

经常与单元测试联系起来的另外一些开发活动包括代码审查(Code Review)、静态分析(Static Analysis)和动态分析(Dynamic Analysis)。静态分析就是对软件的源代码进行研读,查找错误或收集一些度量数据,并不需要对代码进行编译和执行。动态分析就是通过观察软件运行时的动作,来提供执行跟踪、时间分析及测试覆盖度方面的信息。

不同的软件业务背景不同,所要求的特性也不相同,测试的侧重点自然也不相同。对于数据库信息管理类型的系统,由于与用户的交互界面比较复杂,计算逻辑并不多,其单元测试应该以功能确认的黑盒测试为主,在黑盒测试的基础上辅助以白盒测试。对于内部逻辑复杂的系统,应该以白盒测试为主,仔细测试程序内部的每一条路径,做到尽可能的全面覆盖。

我们知道,白盒测试虽然比黑盒测试覆盖面广,但是花费在测试用例设计上的工时数多,工作量大,效率较低。为了提高测试效率,对于某些系统,可以先进行单元功能测试(黑盒测试),在发现 Bug 以后再进行单元逻辑结构测试(白盒测试)。本书 4.2 节和 4.3 节将分别详细介绍单元功能测试和单元逻辑测试的具体测试方法。

在完成软件项目的单元测试的过程中,我们要学习掌握单元测试用例的设计方法和单元测试文档的编写方法,了解高品质软件单元测试的理念。

4.2　单元功能测试

4.2.1　单元功能测试概述

单元测试最主要和最基本的活动就是对用户需求定义的单元的功能进行确认和检查。

单元功能测试即利用黑盒测试方法进行单元功能确认,黑盒测试方法主要包括等价类划分法、边界值法、判定表法、因果图法、状态转换法、错误推断法等。其中某些经典的方法已在第1篇软件测试的原理与方法中进行了详细讲解,这里不再赘述。

UI界面测试也是单元测试的主要组成部分,主要是对界面的嵌套加载、布局等的测试。

对于页面项目多,UI操作复杂的管理信息系统(MIS)来说,页面的布局和用户操作的步骤特别多,并且十分相似,具有共通性。这样的系统,在进行完所有的测试用例设计之后,请按照"附录 A 管理信息系统单元测试共通点检查表"逐项进行检查。这个检查表是以往相似的软件系统程序的单元测试经验的总结积累,按照它对我们设计的页面 UI 测试用例进行排查,可以使测试用例更加细致全面,减少测试用例遗漏和考虑不周的现象。

具体的单元功能测试实验参考 4.2.2 小节。

4.2.2　单元功能测试实验

【实验目的】

(1) 掌握对于一个程序单元进行全面单元测试的方法。

(2) 在单元测试中熟练使用等价类划分、边界值法、判定表法以及错误推断法等黑盒测试方法。

【实验环境】

(1) Windows XP,SQL Server 2008,MyEclipse 6.5,jdk 1.6.0_17,Apache Tomcat-6.0.0.exe。

(2) 被测程序:实验设备管理系统。

【实验重点及难点】

重点:熟练运用等价类划分和边界值法、判定表法及错误推断法等设计单元测试用例。

难点:综合运用黑盒测试的几个主要方法正确而且高效地设计单元测试用例,测试用例不能冗余也不能遗漏。

【实验内容】

本次实验的被测系统是一个基于 B/S 模式的、采用 JSP 和数据库技术实现的实验设备管理系统,用于管理实验室的设备的购买申请、审批和设备信息查询及维修报废等过程。主要包括用户登录、实验设备购买管理、设备信息管理、设备报废管理、系统维护及系统退出等功能。

本次实验将进行实验设备管理系统的一个单独页面的单元测试。这个页面是"购买设备申请"页面,它是属于该系统的"设备购买管理"模块的。

该页面的单元测试原则上采用黑盒功能测试的方法进行,黑盒测试是单元测试中的重要方法,排查 Bug 的效率很高,特别适合页面复杂、用户交互多的信息管理系统的单元测试。

【实验原理】

进行单元功能测试必须了解软件单元测试的原理和特点。

单元测试一般情况下主要是由开发人员完成的,单元测试的依据是软件开发前期的成果物,单元功能测试的依据是《系统详细需求说明书》和《系统详细设计说明书》等。

单元测试具体分为以下三步进行。

（1）完成单元测试用例的设计。要求能根据【实验步骤】2.被测页面的功能说明中所描述的数据、功能要求，以及所确定的程序设计描述，进行该页面的单元测试。

（2）根据单元测试用例进行单元测试。

（3）统计单元测试用例和测试过程中所发现的 Bug 数。认识到软件单元测试对于保证软件质量的重要性。

在前几章我们已经学习和实践了黑盒功能测试的主要方法——等价类划分和边界值法、判定表法及错误推断法等，对这个页面进行单元测试时要综合地运用这些典型的方法。一般是先划分出等价类，再选取每一个等价类中的代表数据，遇到边界，利用边界值法进行细致的测试用例的补充。当存在多个因素时，要采用判定表法、条件组合等方法进行多因素的排列组合式的测试用例设计。

【实验步骤】

1. 测试环境的搭建

搭建测试环境是软件测试实施过程中的一个重要环节，严重影响着测试结果的真实性和正确性。测试环境包括硬件环境和软件环境，硬件环境指测试必需的服务器、客户端、网络连接设备，以及打印机/扫描仪等辅助硬件设备所构成的环境。软件环境指被测软件运行时的操作系统、数据库及其他应用软件构成的环境。

本系统运行环境如下。

1）硬件环境要求

计算机必须满足的条件：

（1）服务器端硬件环境：处理器 P4 2.0GHz 以上，内存 512MB 以上，硬盘 40GB 以上。

（2）客户端硬件环境：处理器 P4 1.7GHz 以上，内存 128MB 以上，硬盘 20GB 以上。

2）软件环境要求

（1）服务器端需要环境：操作系统为 Windows XP/2003/7，jdk1.6 以上，在 MyEclipse 环境下，以 Tomcat 作为服务器和 SQL Server 2008 作为后台数据库。

（2）客户端需要环境：操作系统 Windows XP/2003/7，IE 7.0 以上即可。

3）本系统搭建测试环境步骤

具体步骤如下。

（1）下载 JDK(1.6 以上版本)，并按照安装向导进行安装。

（2）下载 Tomcat 6.0，并按照安装向导进行安装。

执行以上两步后，打开 IE 浏览器，在地址栏中输入 http://localhost:8080/后，Tomcat 成功运行。

（3）下载 MyEclipse，并按照安装向导进行安装。

安装后需对 Tomcat 以及 JDK 进行配置。

在 MyEclipse 中配置 JDK：单击菜单 Window|Preferences|Java|Installed JREs。

在 MyEclipse 中配置 Tomcat：单击菜单 Window|Preferences|MyEclipse|Servers|Tomcat|Tomcat 6.x。

（4）下载 SQL Server 2008，并按照安装向导进行安装。

（5）在 MyEclipse 中发布实验设备管理系统。

（6）在浏览器中输入"http://127.0.0.1:8080/laboratory/login.jsp"，便可进入"实验设备管理系统"登录页面。

被测程序和数据库请到本教材的配套学习网站上下载，具体搭建与配置步骤比较复杂，请参考"附录 B 实验设备管理系统程序安装说明"，或者配套网站上的"实验设备管理系统程序安装说明.xlsx"文件。

安装好测试环境和被测系统之后，以管理员 admin（密码：8888）的身份进行登录，然后单击"购买设备申请"按钮，就进入"购买设备申请"页面。"购买设备申请"页面的主要功能是由实验设备管理员提出购买设备的申请，在本页面添加、删除、修改、查询购买设备申请信息。具体页面如图 4-1 所示。

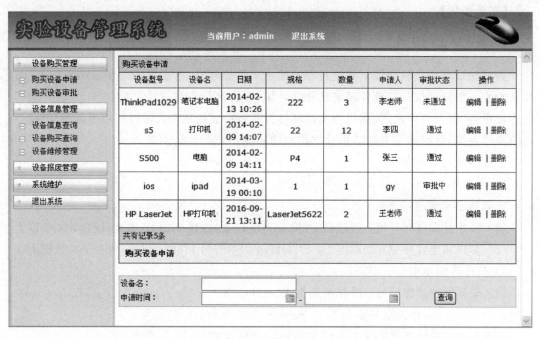

图 4-1　"实验设备管理系统"的购买设备申请页面

2．被测页面的功能说明

（1）页面初始化显示时，设备名和申请时间这两个检索条件为空，检索出所有的设备购买申请信息，以一览表的形式显示出来，下方应该显示共有多少条记录。

（2）单击"查询"按钮，根据输入的设备名和申请时间这两个检索条件，检索出相应的设备信息，以一览表的形式显示出来。采用左右模糊匹配进行检索，即

① 检索条件项目的值等于空白的场合，代表忽略此检索条件项目。

② 检索条件项目的值不等于空白的场合，代表包含该值的内容的数据作为检索出的对象。

③ 检索条件：设备名和申请时间的关系为 AND 关系。

（3）单击"购买设备申请"按钮，进入系统中的另外一个页面：购买设备申请信息添加页面，可以录入购买设备申请信息。录入的信息可以直接反映到一览表中。

（4）单击"编辑"按钮，进入系统中的另外一个页面：设备申请信息编辑页面，可以修改设备申请信息。修改后的信息可以直接反映到一览表中。

（5）单击"删除"按钮，可以删除该条信息。删除的信息直接从一览表中消除。

（6）页面最上方应该显示当前用户名称信息。

（7）单击"退出系统"按钮，从系统中退出。

（8）单击"申请时间"下拉按钮，显示一个日历控件，选择正确的年月日后，返回显示申请日期。

在进行本页面的单元测试之前，首先要明确单元测试的范围。本实验是针对"实验设备查询"页面的单元测试，因此测试范围就是这个单一页面，不应该包括其他页面。注意到本次实验测试页面上的"编辑"和"购买设备申请"这几个按钮的操作都是在其他页面进行的，不属于本页面单元测试的范畴。

注意：由于本实验是单一页面的单元测试，不涉及几个相关页面的集成，所以向其他页面的跳转也要测试，但是只确认是否能跳转，不需要测试跳转后是否正确。其他几个页面具体的测试在它们各自页面的单元测试中进行，几个页面的联合测试在集成测试和系统测试中进行。因此这个页面的单元测试包括页面初始化显示的测试、查询功能的测试和其他按钮操作的测试，下面分别加以详细说明。

3．页面初始化功能的测试

在设计页面初始化显示功能的测试用例时，应该注意以下几点。

首先，在测试用例设计书中的每一条测试用例都应该具体而明确，不能含混不清。应标明检查条件的数据和确认内容的具体数据。

其次，页面初始化显示时，应该按照页面控件从左上到右下的顺序对各个输入项/输出项/按钮和链接的动作状态进行确认。特别注意：

（1）测试各输入项的控制，按下 Tab 键光标从左上到右下的顺序依次跳过各个控件。

（2）页面初始化显示时，注意测试数据的检索结果和检索数据后一览显示区的状态。对于查询操作，要考虑有数据和没有数据的不同情况，并在确认内容中给出对应的描述。无数据时，确认内容应为：一览表部分显示空白，页面下方的数据条数统计显示共 0 行。

（3）"设备名"和"申请时间"作为本页面的检索条件，初始化显示时都应该为空。

（4）要确认一览表显示应按照"设备名""日期"的升序排列来显示。

（5）特别注意选取的测试数据应该包括以下几种。

① 最小值，比如应该用空白的检索条件进行测试。

② 最大值，比如检索条件之一的设备名，数据库表定义长度为 50 位字符，应该设计相应的 50 位字符的测试用例进行检查，看一看数据的显示和操作是否正确。

③ 通常值。

表 4-1 是初始化页面显示功能的测试用例参考及测试结果。

表 4-1 初始化页面显示功能的测试用例参考及测试结果

测 试 用 例	测 试 结 果
页面显示布局测试	
各个图片、静态文本框、文字输入框、下拉框、单选框、按钮、链接等控件的位置同详细设计书的要求一致	OK
按钮显示测试	
按钮的大小、形状应该一致	OK
按钮上的文字的字体、字号、粗细等相同	OK
按钮上的文字为中间对齐	OK
链接显示测试	
链接文字的字体、字号、粗细等相同	OK
链接文字的颜色相同	OK
静态文本框显示测试	
静态文本框的文字的字体、字号、粗细等相同	OK
静态文本框的文字的颜色相同	OK
光标初始位置	
应该在第一个输入框"设备名"处	NG
Tab 键跳转测试	
按照从上到下、从左到右的顺序,在页面上的输入框和按钮间移动	OK
对齐方式	
上方数据显示区为中间对齐	OK
输入框为左对齐	OK
日历下拉列表	
显示内容正确	OK
显示布局正确	OK
选择以后正确返回日历时间	OK
无数据时显示区的状态	
一览表部分显示空白。	OK
页面下方的数据条数统计显示共 0 行	OK
有数据时显示区的状态	
一览表部分数据显示所有数据	OK
一览表显示应按照"设备名""日期"升序来显示	NG
页面下方的数据条数统计显示共 XX 行	OK
最大 50 个字符的设备名显示完整正确	OK

4. 查询操作的测试

图 4-2 是查询操作结果的显示页面。

两个查询条件设备名和购买日期分别有 4 种情况,即精确查询、模糊查询、空和查询不存在的记录。我们设计查询操作的测试数据如表 4-2 所示。

图 4-2 查询操作结果的显示页面

表 4-2 查询的测试用例数据

测试用例	设 备 名	申 请 时 间
1	台式计算机	2016/07/15
2	计算机	2016/07/15
3	123456789012345678901234567890123456789012345678901234567890	2016/07/14

单击"购买设备申请"按钮,在图 4-3 所示的页面中将以上数据添加到数据库中。

根据黑盒功能测试的测试用例设计原则,我们设计以下测试用例。

(1)测试用例 1:"设备名"精确查询。

输入如表 4-3 所示的查询条件。

表 4-3 测试用例 1 的查询条件

设 备 名	申请开始时间	申请结束时间
台式计算机	2016/07/15	2016/07/16

预期结果:如表 4-4 所示,查询出 1 条记录。

表 4-4 测试用例 1 的显示结果

查询结果	设 备 名	申 请 时 间
1	台式计算机	2016/07/15

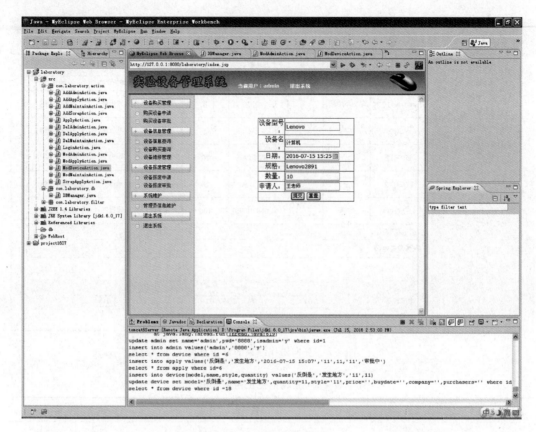

图 4-3　购买申请表页面

测试结果：OK。

（2）测试用例 2："设备名"模糊查询。

输入如表 4-5 所示的查询条件。

表 4-5　测试用例 2 的查询条件

设 备 名	申请开始时间	申请结束时间
计算机	2016/07/15	2016/07/16

预期结果：如表 4-6 所示，查询出两条记录。

表 4-6　测试用例 2 的显示结果

查 询 结 果	设 备 名	申 请 时 间
1	台式计算机	2016/07/15
2	计算机	2016/07/15

测试结果：OK。

（3）测试用例 3：查询不存在的记录。

输入如表 4-7 所示的查询条件。

表 4-7 测试用例 3 的查询条件

设 备 名	申请开始时间	申请结束时间
课桌	2016/07/15	2016/07/16

预期结果：查询出 0 条记录。

测试结果：OK。

（4）测试用例 4："设备名"为空。

输入如表 4-8 所示的查询条件。

表 4-8 测试用例 4 的查询条件

设 备 名	申请开始时间	申请结束时间
	2016/07/15	2016/07/16

预期结果：如表 4-9 所示，查询出两条记录。

表 4-9 测试用例 4 的显示结果

查 询 结 果	设 备 名	申请时间
1	台式计算机	2016/07/15
2	计算机	2016/07/15

测试结果：OK。

（5）测试用例 5："申请时间"精确查询。

输入如表 4-10 所示的查询条件。

表 4-10 测试用例 5 的查询条件

设 备 名	申请开始时间	申请结束时间
	2016/07/15	2016/07/15

预期结果：如表 4-11 所示，查询出两条记录。

表 4-11 测试用例 5 的显示结果

查 询 结 果	设 备 名	申请时间
1	台式计算机	2016/07/15
2	计算机	2016/07/15

测试结果：OK。

（6）测试用例 6："申请时间"不合法的输入。

输入如表 4-12 所示的查询条件。

表 4-12 测试用例 6 的查询条件

设 备 名	申请开始时间	申请结束时间
	2016/07	2016/07

预期结果：弹出图 4-4 的警告框。

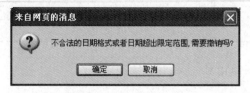

图 4-4   日期输入警告框

测试结果：OK。

（7）测试用例 7："申请时间"开始日期大于申请时间结束日期。

输入如图 4-5 所示的查询条件。

图 4-5   测试用例 7 的查询条件

预期结果：弹出警告框："申请时间开始日期应该小于申请时间结束日期"。

测试结果：NG，没有弹出报错框。

（8）测试用例 8："申请时间"结束日期为空。

输入如图 4-6 所示的查询条件。

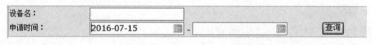

图 4-6   测试用例 8 的查询条件

预期结果：显示"申请时间"开始日期直至当前时间的数据。

测试结果：OK。

（9）测试用例 9："申请时间"开始日期为空。

输入如图 4-7 所示的查询条件。

图 4-7   测试用例 9 的查询条件

预期结果：显示当前时间直至"申请时间"结束日期的数据。

测试结果：OK。

（10）测试用例 10："申请时间"开始日期、结束日期均为空。

输入如表 4-13 所示的查询条件：设备名是"计算机"，"申请时间"开始日期、结束日期均为空。

表 4-13   测试用例 10 的查询条件

设 备 名	申请开始时间	申请结束时间
计算机		

预期结果：显示所有申请时间的数据，如表 4-14 所示，查询出两条记录。

表 4-14 测试用例 10 的显示结果

查 询 结 果	设 备 名	申 请 时 间
1	台式计算机	2016/07/15
2	计算机	2016/07/15

测试结果：OK。

(11) 测试用例 11："申请时间"不存在的记录。

输入查询条件：2018/07/10 进行查询。

预期结果：不显示如何记录。

测试结果：OK。

(12) 测试用例 12：闰年 2 月 29 日的测试用例。

单击"购买设备申请"按钮，在图 4-8 的弹出页面添加一条闰年的设备购买信息。

图 4-8 添加测试用例 12 的测试数据

输入如图 4-9 所示的条件查询。

设备名：			
申请时间：	2016-02-29	- 2016-03-01	查询

图 4-9 测试用例 12 的查询条件 1

预期结果：显示图 4-8 所添加的数据。

测试结果：OK。

再按照如图 4-10 所示的输入条件进行查询。

设备名：			
申请时间：	2016-02-28	- 2016-02-29	查询

图 4-10 测试用例 12 的查询条件 2

预期结果：显示图 4-8 所添加的数据。

测试结果：NG，没有显示所添加的数据。

再按照如图 4-11 所示的输入条件查询。

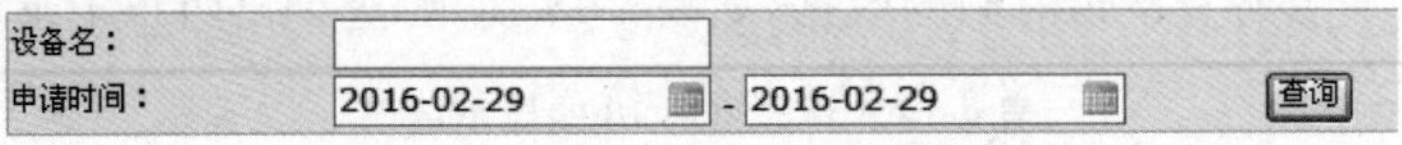

图 4-11　测试用例 12 的查询条件 3

预期结果：显示图 4-8 所添加的数据。

测试结果：NG，没有显示所添加的数据。

(13) 测试用例 13：跨年测试用例。

单击"购买设备申请"按钮，在如图 4-12 所示的弹出页面添加一条"2016-1-1"的设备购买信息。

图 4-12　添加测试用例 13 的测试数据

"申请时间"查询条件中填入：2016-01-01—2016-01-01 进行查询。

预期结果：显示图 4-12 中所添加的数据。

测试结果：NG。

"申请时间"查询条件中填入：2015-12-31—2015-01-01 进行查询。

预期结果：显示图 4-12 中所添加的数据。

测试结果：NG。

"申请时间"查询条件中填入：2016-01-01—2016-01-02 进行查询。

预期结果：显示图 4-12 中所添加的数据。

测试结果：OK。

(14) 测试用例 14："设备名"最大字符数显示的测试。

数据库中"设备名"字段最长定义为 50 位字符。

添加一条"设备名"为"01234567890123456789012345678901234567890123456789"的记录。

预期结果：正确完整的显示添加的数据。

测试结果：OK，如图 4-13 所示。

(15) 测试用例 15："设备名"多输入一位字符的测试。

输入如下所示的"设备名"：

"101234567890123456789012345678901234567890123456789"，一共 51 个字符。

预期结果：弹出警告"设备名最多 50 位。"

测试结果：NG，没有报错。

图 4-13　设备名最大字符数显示的测试结果

（16）测试用例 16："设备名"前面或者后面输入空格的测试。

添加"设备名"前面或者后面输入空格的记录，如"台式计算机"，查询条件："　台式计算机"。

预期结果：程序滤掉空格，显示一条记录。

测试结果：NG，不显示记录。

（17）测试用例 17："设备名"中间输入空格的测试。

添加"设备名"中间输入空格"台式 计算机"的记录，查询条件："台式计算机"。

预期结果：不显示记录。

测试结果：OK。

（18）测试用例 18：记录条数为 0 条的测试。

数据库相应库表中没有记录。

预期结果：不显示记录。

测试结果：OK。

（19）测试用例 19：记录条数为 1 条的测试。

数据库相应库表中只有 1 条记录。

预期结果：显示该条记录，如图 4-14 所示。

测试结果：OK。

图 4-14　记录条数为 1 条的测试

（20）测试用例 20：记录条数为 100 条的测试。

添加数据库相应库表中的记录，使得满足查询条件的数据有 100 条记录。

预期结果：显示该 100 条记录。

测试结果：OK，如图 4-15 所示。

S500	电脑	2014-02-09 14:11	P4	1	张三	通过	编辑 | 删除
ios	ipad	2014-03-19 00:10	1	1	gy	审批中	编辑 | 删除
服务器	01234567890123456789012345678901234567890123456789	2016-07-15 15:07	HP	1	王老师	通过	编辑 | 删除
Lenovo	台式计算机	2016-07-15 15:25	Lenovo2891	10	王老师	审批中	编辑 | 删除
Lenovo	台式计算机	2016-02-29 15:44	Lenovo8731	5	张老师	审批中	编辑 | 删除
Lenovo	台式计算机	2016-01-01 15:50	Lenovo7299	20	张老师	审批中	编辑 | 删除
服务器	01234567890123456789012345678901234567890123456789	2016-07-15 15:07	HP	1	王老师	通过	编辑 | 删除
Lenovo	台式计算机	2016-07-15 15:25	Lenovo2891	10	王老师	审批中	编辑 | 删除
Lenovo	台式计算机	2016-02-29 15:44	Lenovo8731	5	张老师	审批中	编辑 | 删除
Lenovo	台式计算机	2016-01-01 15:50	Lenovo7299	20	张老师	审批中	编辑 | 删除

共有记录100条

购买设备申请

图 4-15　记录条数为 100 条的测试

（21）测试用例 21：排序的测试。

添加不同的"设备名"和"申请时间"的数据。

预期结果：按照"设备名"和"日期"排序。

测试结果：NG。

（22）测试用例 22：对审批状态显示的测试。

新添加一个的设备申请记录，如图 4-16 所示。

设备型号：	Kingstone
设备名：	硬盘
日期：	2016-07-14 16:47
规格：	Kingstone 9su9
数量：	3
申请人：	李老师

提交　重置

图 4-16　添加记录进行审批状态显示的测试

预期结果：状态显示应该是"审批中"。

测试结果：OK，如图 4-17 所示。

Kingstone		硬盘	2016-07-14 16:47	Kingstone 9su9	3	李老师	审批中	编辑｜删除

图 4-17　状态显示"审批中"

在"购买设备审批"页面单击"同意"按钮，如图 4-18 所示。

Kingstone		硬盘	2016-07-14 16:47	Kingstone 9su9	3	李老师	通过	同意｜不同意

图 4-18　单击"同意"按钮

预期结果：状态显示应该变为"通过"。

测试结果：OK，如图 4-19 所示。

Kingstone		硬盘	2016-07-14 16:47	Kingstone 9su9	3	李老师	通过	编辑｜删除

图 4-19　状态为"通过"

如果在"购买设备审批"页面单击"不同意"按钮。

预期结果：状态显示应该变为"未通过"。

测试结果：OK，如图 4-20 所示。

购买设备申请							
设备型号	设备名	日期	规格	数量	申请人	审批状态	操作
Kingstone	硬盘	2016-07-14 16:47	Kingstone 9su9	3	李老师	未通过	编辑｜删除
共有记录1条							

图 4-20　状态为"未通过"

5．其他按钮/链接操作的测试

（1）测试用例 1："删除"按钮的测试。

输入：对于某条数据，单击"删除"按钮。

预期结果：弹出删除确认警告。

测试结果：NG，没有确认直接删除。

（2）测试用例 2："编辑"按钮的测试。

输入：对于某条数据，单击"编辑"按钮。

预期结果：打开编辑页面。

测试结果：OK。

（3）测试用例 3："购买设备申请"按钮的测试。

输入：单击"购买设备申请"按钮。

预期结果：打开"购买申请表"页面。

测试结果：OK。

（4）测试用例 4："退出系统"按钮的测试。

输入：单击"退出系统"按钮。

预期结果：退出系统。

测试结果：OK。

4.3 单元逻辑覆盖测试

4.3.1 单元逻辑覆盖测试概述

上面所说的测试方法都是针对程序的功能来设计的，就是所谓的黑盒测试。单元测试还需要从另一个角度来设计测试数据，即针对程序的逻辑结构来设计测试用例，就是所谓的白盒测试。

白盒测试也称结构测试或逻辑驱动测试，它是按照程序内部的结构测试程序，通过测试来检测产品内部动作是否按照设计规格说明书的规定正常进行，检验程序中的每条通路是否都能按预定要求正确工作。这一方法是把测试对象看作一个打开的盒子，测试人员依据程序内部逻辑结构的相关信息，设计或选择测试用例，对程序所有逻辑路径进行测试，通过在不同点检查程序的状态，确定实际的状态是否与预期的状态一致。

如果黑盒测试是足够充分的，那么白盒测试就没有必要，可惜"足够充分"只是一种理想状态。例如，真的是所有功能点都测试了吗？程序的功能点是人为的定义，常常是不全面的；各个输入数据之间，有些组合可能会产生问题，怎样保证这些组合都经过了测试？难于衡量测试的完整性是黑盒测试的主要缺陷，而白盒测试恰恰具有易于衡量测试完整性的优点，两者之间具有极好的互补性。例如，完成功能测试后统计语句覆盖率，如果语句覆盖未完成，很可能是未覆盖的语句所对应的功能点未测试。

白盒测试针对程序的逻辑结构设计测试用例，用逻辑覆盖率来衡量测试的完整性。逻辑单位主要有语句、分支、条件、条件值、条件值组合、路径。语句覆盖就是覆盖所有的语句，其他类推。另外还有一种判定条件覆盖，其实是分支覆盖与条件覆盖的组合。跟条件有关的覆盖就有 3 种，解释一下：条件覆盖是指覆盖所有的条件表达式，即所有的条件表达式都至少计算一次，不考虑计算结果；条件值覆盖是指覆盖条件的所有可能取值，即每个条件的取真值和取假值都要至少计算一次；条件值组合覆盖是指覆盖所有条件取值的所有可能组合。研究发现与条件直接有关的错误主要是逻辑操作符错误，例如，"||"写成"&&"，漏了写"!"什么的，采用分支覆盖与条件覆盖的组合，基本上可以发现这些错误。另一方面，条件值覆盖与条件值组合覆盖往往需要大量的测试用例，因此，条件值覆盖和条件值组合覆盖的效费比偏低。效费比就是投入费用和产出效益的比值。效费比较高且完整性足够的测试要求是这样的：完成功能测试，完成语句覆盖、条件覆盖、分支覆盖和路径覆盖。

关于白盒测试用例的设计,本书前面也有讲述,普通方法是画出程序的逻辑结构图如程序流程图或控制流图,根据逻辑结构图设计测试用例,这是纯粹的白盒测试,不是最高效率的方式。现在比较推荐的方法是:先完成黑盒测试,然后统计白盒覆盖率,针对未覆盖的逻辑单位设计测试用例覆盖它,例如,先检查是否有语句未覆盖,有的话设计测试用例覆盖它,然后用同样方法完成条件覆盖、分支覆盖和路径覆盖,这样的话,既检验了黑盒测试的完整性,又避免了重复的工作,用较少的时间成本达到非常高的测试完整性。

4.3.2 静态测试

白盒测试的测试方法总体上分为静态方法和动态方法两大类。

静态方法有代码检查法、静态结构分析法、静态质量度量法。

动态方法有逻辑覆盖法、基本路径测试法、域测试等。

静态测试是单元测试中最重要的手段之一,适用于新开发的和重用的代码。通常在代码完成并无错误地通过编译或者汇编后进行,采用工具扫描分析、代码评审等方法。测试人员主要由软件开发者及其开发小组成员组成。除了讨论代码是否能够完成详细设计规格以外,还要进行代码是否符合编码标准和规范的审查。

通常,在审查会前,项目经理要做一个检查表,以检查表的内容为检查依据和检查要点。在审查会上,项目组成员都能看到自己和其他人员的编码问题,从而起到预防的作用。这些问题都需要被解决,并且解决的结果要在审查会上得到确认。

检查过程中使用的缺陷检查表是把程序设计中可能发生的各种缺陷进行分类,并且每一类列举尽可能多的典型缺陷,然后把它们制作成表格。并且在每次审议会议之后,还要不断地补充和修改这个缺陷检查表。

4.3.3 驱动程序和桩程序

单元测试除了测试其功能以外,还要确认代码在结构上可靠、健全,仅仅进行静态测试是不够的,必须运行单元,进行动态测试,需要设计更加充分的测试用例,以验证业务逻辑和单元的实际表现行为。

为了隔离单元,根据被测试单元的接口,开发相应的驱动程序和桩程序。驱动程序用来模拟被测程序的上级模块,在测试过程中,驱动模块接受测试数据,调用被测模块并把相关数据传送给被测模块。

桩程序用来模拟被测试模块工作过程中所调用的下级模块。它由被测程序调用,一般只进行少量的数据处理,以便于检验被测模块与其下级模块的接口。

具体的测试实验参考 4.3.4 节。

4.3.4 利用驱动程序和桩程序进行单元测试

【实验目的】

掌握用驱动函数和桩函数进行单元测试的方法。

【实验环境】

(1) Windows 2003 Server,Visual Studio 2010。

（2）被测程序：职工工资计算模块。

【实验重点及难点】

重点：掌握利用驱动函数和桩函数进行测试的测试方法。

难点：正确地编写驱动函数和桩函数。

【实验内容】

1．测试环境的搭建

安装并启动 Visual Studio 2010 平台，安装程序 vcs_web.exe（可以从与本书配套的学习网站上下载），打开被测程序 WindowsApplication1.sln，这是一个用 C♯.NET 开发的职工工资计算程序。该程序的基本功能是：根据输入的日期，计算出当月职工的工资。运行界面如图 4-21 所示。

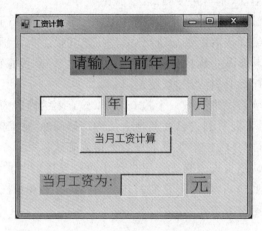

图 4-21　计算职工工资页面

输入当前年月，计算工作天数及相应的工资。

- 月基本工资为 200 元×30 天＝6000 元；
- 如果工作 31 天：工资为 6000 元＋300 元＝6300 元；
- 如果工作 29 天：工资为 6000 元－100 元＝5900 元；
- 如果工作 28 天：工资为 6000 元－150×2 元＝5700 元。

2．页面控件说明

（1）年：输入框。

输入类型：数字。

位数：最大 4 位。

默认：空。

范围：西历 1950～2050。

（2）月：输入框。

输入类型：数字。

位数：最大 2 位。

默认：空。

范围：1～12。

（3）按钮。

操作：按钮按下时计算当月工资。

（4）显示框：显示当月工资。

3. 运行程序

选择运行菜单，进入"职工工资计算模块"。

4. 在"职工工资计算模块"功能页面进行测试

【实验指导】

被测程序"职工工资计算模块"的主要代码清单如下。

```
private int GetSalary(int myYear, int Mymonth)
{
    int mySalery, myWorkDays;
    mySalery = 6000;
    myWorkDays = GetWorkDays(myYear, Mymonth);

    if(myWorkDays == 31)
    {
        mySalery = mySalery + 300;
    }
    else{
        if(myWorkDays == 29)
        {
            mySalery = mySalery - 100;
        }
        else{
            if(myWorkDays == 28)
            {
                mySalery = mySalery - 150 * 2;
            }
        }
    }
    return mySalery;
}
private int GetWorkDays(int myYear, int Mymonth)
{
    int myWorkDays;
    myWorkDays = 31;
    if (Mymonth == 4 || Mymonth == 6 || Mymonth == 9 || Mymonth == 11)
    {
        myWorkDays = 30;
    }
    else{
        myWorkDays = 30;
```

```
        if(Mymonth == 2)
        {
            if (IsLeap( myYear) == 1)
            {
                myWorkDays = 29;
            }
            else
            {
                myWorkDays = 28;
            }
        }
    }
    return myWorkDays;
}
private int IsLeap(int year)
{
    int leap;
    if( year % 4 == 0)
    {
        if( year % 100 == 0)
        {
            leap = 0;
        }
        else leap = 1;
    }
    else
        leap = 0;
    return leap;
}
```

分析被测程序的代码,按照集成测试的方法,画出 GetSalary()方法的模块调用关系如图 4-22 所示,制定集成测试策略和方法。其中:

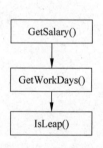

图 4-22　模块调用关系图

- IsLeap()函数:闰年判断函数,输入年,返回 1:闰年,0:平年;
- GetWorkDays()函数:工作天数取得函数,输入年、月,返回该月的工作天数;
- GetSalary()函数:工资计算函数,输入年、月,返回应得的工资,包含以下业务逻辑;
  ‣ 月基本工资为 200 元×30 天=6000 元;
  ‣ 如果工作 31 天:工资为 6000 元+300 元=6300 元;
  ‣ 如果工作 29 天:工资为 6000 元-100 元=5900 元;
  ‣ 如果工作 28 天:工资为 6000 元-150×2 元=5700 元。

如果在工作天数取得函数 GetWorkDays()还没有开发完成的情况下,需要进行工资计算函数 GetSalary()的测试,那么就可以用一个桩程序代替 GetWorkDays()函数,具体程序详见 WindowsApplication1-stub1 目录下的 Form1.cs。

我们命名这个桩程序为 GetWorkDaysStub()函数,这个函数没有完成根据输入的任意年月返回该月天数的功能,只能根据特定的以下 5 种输入,返回相应的工作天数。

- 输入 2010 年,12 月,返回 31;
- 输入 2010 年,6 月,返回 30;
- 输入 2010 年,2 月,返回 28;
- 输入 2016 年,2 月,返回 29;
- 输入 2000 年,2 月,返回 29。

GetWorkDaysStub()函数的程序清单如下。

```
private int GetWorkDaysStub(int myYear, int Mymonth)
{
        int myWorkDays;
        myWorkDays = 31;
        if (myYear == 2010 && Mymonth == 12) myWorkDays = 31;
        if (myYear == 2010 && Mymonth == 6) myWorkDays = 30;
        if (myYear == 2000 && Mymonth == 2) myWorkDays = 29;
        if (myYear == 2010 && Mymonth == 2) myWorkDays = 28;
        if (myYear == 2016 && Mymonth == 2) myWorkDays = 29;
        return myWorkDays;
}
```

在 GetSalary()函数中,把"myWorkDays ＝ GetWorkDays(myYear,Mymonth);"改为调用 GetWorkDays()函数的桩函数,如下所述。

```
myWorkDays = GetWorkDaysStub(myYear, Mymonth);   //call stub programm
```

运行测试之后,发现这 5 个测试用例都是运行正确的,从而测试了工资计算函数 GetSalary()本身没有 Bug。

表 4-15 工资计算测试用例表

年	月	工作天数	工资
2010	12	31	6300
2010	6	30	6000
2010	2	28	5700
2016	2	29	5900
2000	2	29	5900

GetWorkDays()函数开发完成后,我们去掉 GetWorkDaysStub()函数的调用,改为调用开发好的 GetWorkDays()函数进行测试。详见 WindowsApplication1 目录下的 Form1.cs。

用表 4-15 的测试用例进行测试,发现 2010 年 12 月的测试用例测试结果出错,说明新的 GetWorkDays()函数有问题,经过代码跟踪发现是 GetWorkDays()函数中多了一个赋值语句"myWorkDays＝ 30;"。

【实验拓展】

另外,2000 年 2 月的测试用例测试结果也出错,有可能是闰年判断函数 IsLeap()的错误,可以用一个桩程序代替 IsLeap()函数,我们命名这个桩程序为 IsLeapStub()函数,详见 WindowsApplication1-stub2 目录下的 Form1.cs。

这个函数没有完成根据输入的任意年返回是否闰年的功能,只能根据特定的以下3种输入,返回相应是否闰年的信息。

- 输入2010年,返回0;
- 输入2016年,返回1;
- 输入2000年,返回1。

IsLeapStub(int year)函数的程序清单如下。

```
private int IsLeapStub(int year)
    {
        int leap;
        leap = 0;

        if (year == 2010)
        {
         leap = 0;
        }
        if (year == 2016)
        {
            leap = 1;
        }
        if (year == 2000)
        {
            leap = 1;
        }
        return leap;
    }
```

在GetWorkDays()函数中,将"if(IsLeap(myYear) == 1)"修改为调用IsLeap()函数的桩函数IsLeapStub(),如下所述。

```
    if (IsLeapStub(myYear) == 1)                //call stub programm
```

用表4-15的测试用例运行测试之后,发现这5个测试用例都是运行正确的,从而测试了工作天数取得函数GetWorkDays()本身没有Bug。

问题出在IsLeap()函数本身,经代码审查,代码中没有对2000年这样的可以被400整除的闰年进行判断,修改后的代码如下所示。

```
private int IsLeap(int year)
    {
        int leap;
        if( year % 4 == 0)
        {
            if( year % 100 == 0)
            {
                if( year % 400 == 0)
                {
                    leap = 1;
                }
                else
```

```
                    leap = 0;
                }
            else leap = 1;
        }
        else
            leap = 0;

        return leap;
    }
```

最终修改后的正确的程序请参考 WindowsApplication1-correct 目录下的 Form1.cs。

4.3.5 利用 JUnit 进行单元测试

JUnit 是一个开放源代码的 Java 测试框架,用于编写和运行可重复的测试脚本。JUnit 框架功能强大,目前已经成为 Java 单元测试的一个事实标准。其主要特性如下。

（1）可以使测试代码与产品代码分开,更加有利于代码的打包发布和测试代码的管理。

（2）针对某个类的测试代码,以很少的改动就可以应用到另一个类的测试中去,JUnit 提供了一个编写测试类的框架,使得测试代码的编写更加容易。

（3）JUnit 的源代码是公开的,可以进行二次开发,具有很强的扩展性。

（4）JUnit 一共有 7 个包,其核心包是 junit.framework 和 junit.runner。framework 包 负责整个测试对象的构建,runner 包负责驱动。JUnit 有 4 个重要的类,分别是 TestSuite、 TestCase、TestResult 和 TestRunner。另外,JUnit 还包括 Test 和 TestListener 接口以及 Assert 类。

- Assert 类用来验证条件是否成立,当条件成立时,assert 方法保持沉默;当条件不成 立时,抛出异常。
- Test 接口用来测试和收集测试结果,采用 Composite 设计模式,它是单独的测试用 例、聚合的测试模式以及测试扩展的共同接口。
- TestCase 抽象类用来定义测试中的固定方法,是 Test 接口的抽象实现。由于 TestCase 是一个抽象类,因此不能被实例化,只能被继承。其构造函数可以根据输 入的测试名称来创建一个测试用例,提供测试名的目的在于方便测试失败时查找失 败的测试用例。
- TestSuite 由几个 TestCase 或者 TestSuite 构成,可以很容易地构成一个测试用例, 每个测试用例都由持有其他一些测试的 TestSuite 构成,被加入到 TestSuite 中的测 试在一个线程上被依次执行。
- TestResult 负责收集 TestCase 所执行的结果,并将结果分类,分为客户可预测的错 误和没有预测的错误,将错误结果转发到 TestListener 处理。
- TestRunner 是客户对象调用的起点,负责跟踪整个测试过程,显示测试结果,报告 测试进度。
- TestListener 包括 4 个方法,即 addError()、addFailuer()、startTest()和 endTest(),它对 测试结果的处理和对测试驱动过程的工作特征进行提取。

JUnit 的官方网站是 http://www.junit.org/,可以从上面获取关于 JUnit 的最新消息。如果在 Eclipse 中使用 JUnit,就不必再下载了。如果没有集成,需要从该网站下载,如图 4-23 所示,在 Eclipse 菜单"项目"的子项"属性"中选择"Java 构建路径"命令,单击"库"标签,单击"添加外部 JAR(X)"按钮,即可选择相应的 JUnit-4.5.jar,单击打开,就完成了 JUnit 的安装。

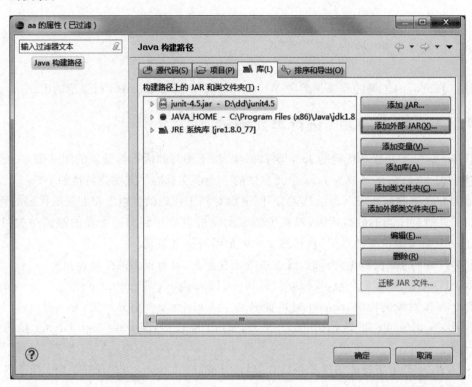

图 4-23　JUnit 的配置

此时我们要决定单元测试代码放在什么地方,如果把它和被测试代码混在一起,显然会造成混乱,因为单元测试代码是不会出现在最终产品中的。建议分别为单元测试代码与被测试代码创建单独的 java 文件,并保证测试代码和被测试代码使用相同的包名。这样既保证了代码的分离,同时还保证了查找的方便。这样,我们在项目根目录下添加一个新 java 文件,它是测试类,并把它加入到项目源代码目录中。

下面讲解如何利用 JUnit 4 进行单元测试。以一个地铁售票程序 MetroTicket 的单元测试为例进行说明。

(1) 建立一个被 JUnit 测试的类,然后,如图 4-24 所示,建立该类所对应的 JUnit 测试类,在需要建立 JUnit 的包内右击,选择"新建"|"JUni t 测试用例"命令。

(2) 在弹出的对话框内进行如下设置,如图 4-25 所示。

- 包:类文件所在的包,因为本例为缺省包,所以就没有出现相应的包路径;
- 名称:新建的测试类名称,一般起名的规则是:测试的类名＋Test;
- 正在测试的类:需要针对哪个类进行测试;
- 想要创建哪些方法存根:勾选上 setUp() 和 tearDown() 这两个方法。

(3) 设置好后单击"下一步"按钮,选择对该类中的哪些方法进行测试,单击"完成"按

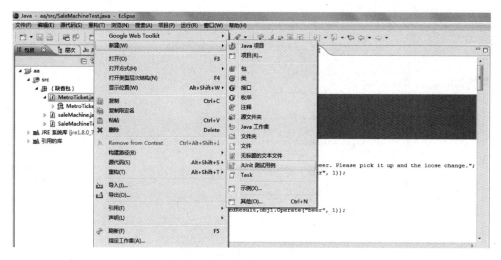

图 4-24 建立 JUnit 测试类

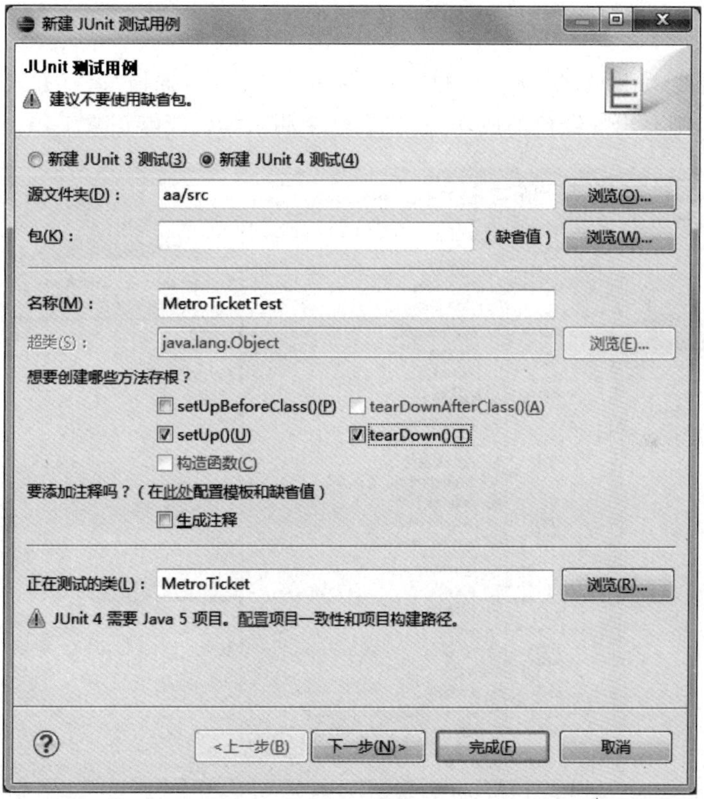

图 4-25 JUnit 测试类对话框

钮,就会有图 4-26 的代码生成。这样,我们在项目根目录"aa"下添加了一个新的 java 文件,它是 MetroTicket 的测试类,并把它加入到项目源代码目录中。

针对自动生成的代码进行补充修改,使其满足对特定功能的测试。首先注释掉 fail("尚未实现")语句,并添加上需要测试的内容。

图 4-26　自动生成的测试类代码

（4）执行测试，如图 4-27 所示右击 MetroTicketTest 类，选择"运行方式"|"JUnit 测试"命令，如果正确，则会出现绿色的成功条，代表这个测试案例能够正常工作。

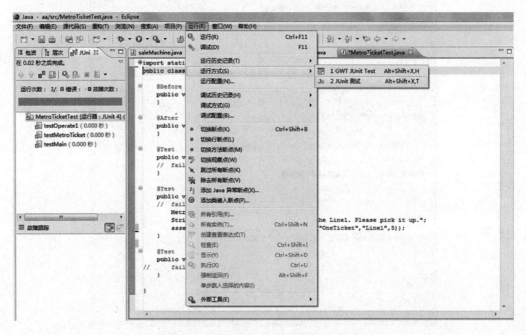

图 4-27　执行 MetroTicketTest 的测试

如果失败会出现红色的失败条，并显示出现错误的原因和数目。例如，将"assertEquals（"aabb"，a. addString（"aa"，"bb"））；"改为"assertEquals（"cc"，a. addString（"aa"，"bb"））；"。

两个字符串 aa 与 bb 的连接，不可能等于 cc，运行后会出现错误，可以看到有一个失败

(Failures:1),测试人员可进一步看到出错的具体结果,单击该失败条,在下面显示具体失败信息。

具体的测试练习请参考4.3.6节。

本章介绍了单元测试技术,应该认识到对于产品级别的软件程序必须保证其质量,提高用户体验,考虑系统的诸多特性或维度,软件的单元测试是保障软件产品质量的一个重要环节。

4.3.6 利用Junit进行单元测试的实验

【实验目的】

(1) 用JUnit进行单元逻辑覆盖测试。

(2) 按照测试用例进行测试并编写测试报告记录测试结果。

【实验环境】

(1) Windows 7,Eclipse平台,JUnit。

(2) 被测程序:地铁售票系统MetroTicket。

【实验重点及难点】

重点:掌握JUnit的使用,用JUnit进行单元逻辑覆盖测试的方法。

难点:用JUnit进行单元逻辑覆盖测试,正确且高效地组织测试用例,测试用例不能冗余也不能遗漏。

【实验内容】

本次实验将进行一个地铁售票程序MetroTicket的单元测试,采用白盒逻辑覆盖的方法进行。

地铁售票系统是安装在地铁售票机上的,首先需要选择购票种类,包括地铁月票和单程车票。地铁月票200元一张,可以使用一个月。单程车票5元一张。地铁线路分为line1和line2两条。购买单程车票时地铁售票机允许投入5元和10元的纸币,10元的可以找零,其他纸币和硬币不允许投入。购买地铁月票时地铁售票机允许投入100元的纸币,其他纸币和硬币不允许投入。

【实验原理】

本次实验利用JUnit进行白盒测试,在开始体验JUnit 4之前,需要配置以下软件的支持。

(1) Eclipse:最为流行的IDE,它全面集成了JUnit,并从版本3.2开始支持JUnit 4。当然JUnit并不依赖于任何IDE。可以从http://www.eclipse.org/上下载最新的Eclipse版本。

(2) JUnit:它的官方网站是http://www.junit.org/。可以从上面获取关于JUnit的最新消息。如果在Eclipse中使用JUnit,就不必再下载了。

JUnit是Java社区中知名度最高的单元测试工具。它诞生于1997年,由Erich Gamma和Kent Beck共同开发完成。其中Erich Gamma是经典著作《设计模式:可复用面向对象软件的基础》一书的作者之一,并在Eclipse中有很大的贡献;Kent Beck则是一位极限编程(XP)方面的专家和先驱。

麻雀虽小,五脏俱全。JUnit设计的非常小巧,但是功能却非常强大。Martin Fowler

如此评价JUnit：在软件开发领域，从来就没有如此少的代码起到了如此重要的作用。它大大地简化了开发人员执行单元测试的难度，特别是 JUnit 4 使用 Java 5 中的注解（annotation）。使测试变得更加简单。

【实验步骤】

1. JUnit 测试类的创建

（1）首先新建一个 Java 工程："aa"。现在需要做的是，打开项目"aa"的属性页，选择"Java 构建路径"子选项，选中"库"选项卡，单击"添加库"按钮，在弹出的"添加库"对话框中选择"JUnit"，并在下一页中选择版本 4.1 后单击"完成"按钮，这样便把 JUnit 引入到当前项目库中了。

（2）在项目根目录"aa"下建立一个被 JUnit 测试的类 MetroTicket.java，然后，如图 4-28 所示，建立该类所对应的 JUnit 测试类，在需要建立 JUnit 的包内右击，选择"新建"|"JUnit 测试用例"命令。

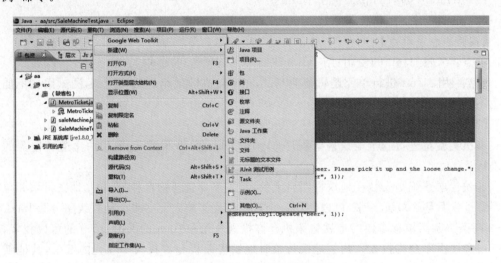

图 4-28   建立 JUni t 测试类

（3）然后在弹出的对话框内进行如下设置，如图 4-29 所示。

- 包：类文件所在的包，因为本例为缺省包，所以就没有出现相应的包路径；
- 名称：新建的测试类名称，一般起名的规则是：测试的类名 ＋ Test，即为 MetroTicketTest；
- 正在测试的类：需要针对哪个类进行测试，此处应该是 MetroTicket 类；
- 想要创建哪些方法存根：勾选上 setUp() 和 tearDown() 这两个方法。

（4）设置好后，单击"下一步"按钮，选择对该类中的哪些方法进行测试，单击"完成"按钮，就会有以下的代码生成。这样，我们在项目根目录 aa 下添加了一个新 java 文件，它是 MetroTicket 的测试类，并把它加入到项目源代码目录中，如图 4-30 所示。

针对自动生成的代码进行补充修改，使其满足对特定功能的测试。首先注释掉 fail（"尚未实现"）语句，如图 4-31 所示，添加上需要测试的内容。

图 4-29　JUnit 测试类对话框

图 4-30　测试类代码

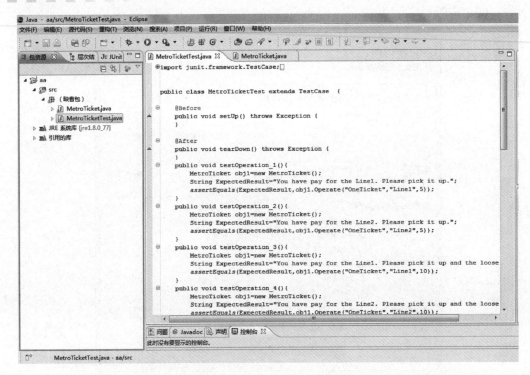

图 4-31 添加上需要测试的内容

2. MetroTicket 的主要代码

主要代码如下所示,具体代码参考 MetroTicket.java,可到本教材的配套学习网站上下载。

```java
public class MetroTicket {
    private int _count_of_five,_count_of_Ten;
    private String[] _type = {"OneTicket","MonthTicket"};
    private String[] _lineno = {"Line1","Line2"};
    private int _money;
    private String _result;
    public MetroTicket()
    {
        init();
    }
    private void init()
    {
        _OneTicket = 5;
        _MonthTicket = 200;
        _count_of_five = 1;
        _count_of_Ten = 0;
    }
    public String Operate(String type,String lineno,int money)
    //type 是用户选择的产品,money 是用户投币种类
    {
```

```
        if(type.equals(_type[0]))                    //如果用户选择 one ticket
        {
            if(money == 5)                            //如果用户投入 5 元钱
            {
                if(lineno.equals(_lineno[0]))    //如果用户选择 line1
                {
                    _count_of_five++;
                    _result = "You have pay for the Line1. Please pick it up.";
                    return _result;
                }
                else if(lineno.equals(_lineno[1]))       //如果用户选择 Line2
                {
                    _count_of_five++;
                    _result = "You have pay for the Line2. Please pick it up.";
                    return _result;
                }
                else
                    return "The line message is errno!!!";
            }
            else if(money == 10)                      //如果用户投入 10 元钱
            {
                if(lineno.equals(_lineno[0]))    //如果用户选择 Line1
                {
                    if(_count_of_five >= 1)          //如果有零钱找
                    {
                        _count_of_five -- ;
                        _count_of_Ten++;
                        _result = "You have pay for the Line1. Please pick it up and the loose
change.";
                        return _result;
                    }
                    else
                        return "There has no loose change, Please pick up your money,
Sorry!!!!";
                }
                else if(lineno.equals(_lineno[1]))        //如果用户选择 Line2
                {
                    if(_count_of_five >= 1)          //如果有零钱找
                    {
                        _count_of_five -- ;
                        _count_of_Ten++;
                        _result = "You have pay for the Line2. Please pick it up and the loose
change.";
                        return _result;
                    }
                    else
                        return "There has no loose change,Please pick up your money,Sorry!!!!";
                }
                return "The line message is errno!!!";
            }
            return "The money message is errno!!!";
```

```
            }
            else if(type.equals(_type[1]))                //如果用户选择 month ticket
            {
                if(money < 200)                           //如果用户投入少于 200 元钱
                {
                    _result = "You have not pay enough for the month ticket. Please pay 200 RMB.";
                    return _result;
                }
                else if(money == 200)                     //如果用户投入 200 元钱
                {
                if(lineno.equals(_lineno[0]))    //如果用户选择 line1
                {
                    _result = "You have pay for the Line1 month ticket. Please pick it up.";
                    return _result;
                }
                 else if(lineno.equals(_lineno[1]))   //如果用户选择 Line2 error:else if
(lineno.equals(_type[1])
                    {
                        _result = "You have pay for the Line2 month ticket. Please pick it up.";
                        return _result;
                    }
                    return "The line message is errno!!!";
                }
                return "The money message is errno!!!";
            }

            return "There has some input error!!!!!!";
        }

        public static void main(String[] args) {
            // TODO Auto - generated method stub
            System.out.println("Hello,Welcome");
            MetroTicket MetroTicket1 = new MetroTicket() ;
            MetroTicket1.init();
            MetroTicket1.Operate("MonthTicket","Line1",200);
        }
    }
```

3. 完成测试用例设计

针对自动生成的代码 MetroTicketTest,进行补充与修改,完成特定测试用例的测试。

例如,测试用户选择单程地铁票,line1,并投入 5 元钱的测试用例,应该显示 massage:
"You have pay for the Line1. Please pick it up."

需要将 testOperation_1()这个方法补写如下。

```
public void testOperation_1(){
    MetroTicket obj1 = new MetroTicket();
    String ExpectedResult = "You have pay for the Line1. Please pick it up.";
    assertEquals(ExpectedResult,obj1.Operate("OneTicket","Line1",5));
}
```

根据程序功能,所设计的测试用例如表 4-16 所述。

表 4-16　MetroTicketTest 测试用例

No	购票种类	选择线路	购票张数	投入纸币	有无零钱找零	零钱数额	弹 出 信 息
1	单程票	Line1	1 ticket	5 元	—	无	You have pay for the Line1. Please pick it up.
2	单程票	Line2	1 ticket	5 元	—	无	You have pay for the Line2. Please pick it up.
3	单程票	Line1	1 ticket	10 元	有	5 元	You have pay for the Line1. Please pick it up and the loose change.
4	单程票	Line2	1 ticket	10 元	有	5 元	You have pay for the Line2. Please pick it up and the loose change.
5	单程票	Line1	1 ticket	10 元	无	无	There has no loose change. Please pick up your money. Sorry!!!
6	单程票	Line2	1 ticket	10 元	无	无	There has no loose change. Please pick up your money. Sorry!!!
7	月票	Line1	1 ticket	10 元	—	无	You have notpay enough for the month ticket. Please pay 200 RMB.
8	月票	Line2	1 ticket	90 元	—	无	You have notpay enough for the month ticket. Please pay 200 RMB.
9	月票	Line1	1 ticket	200 元	—	无	You have pay for the Line1 month ticket. Please pick it up.
10	月票	Line2	1 ticket	200 元	—	无	You have pay for the Line2 month ticket. Please pick it up.
11	月票	Line1	1 ticket	300 元	—	无	The money message is errno!!!
12	月票	Line2	1 ticket	300 元	—	无	The money message is errno!!!
13	单程票	Line1	1 ticket	2 元	—	无	The money message is errno!!!
14	单程票	Line2	1 ticket	3 元	—	无	The money message is errno!!!

4．执行测试

右击 MetroTicketTest，选择"运行方式"|"JUnit 测试"命令，如果正确会出现绿色的成功条，代表这个测试用例能够正常工作，如图 4-32 所示。

在图 4-33 中，Junit 显示 14 个测试用例全部通过。

如果失败，则会出现红色的失败条，并显示出现错误的原因和数目。

例如，下面的用户选择单程票 Line1，投入 10 元并且机器里没有零钱找零时，如果程序的警告信息不是"There has no loose change，Please pick up your money，Sorry!!!! "，而错误的写成："The money message is errno!!!"；如下所示：

```
...
        else if(money == 10)            //如果用户投入 10 元钱
        {
            if(lineno.equals(_lineno[0]))   //如果用户选择 Line1
            {
                if(_count_of_five >= 1)     //如果有零钱找
```

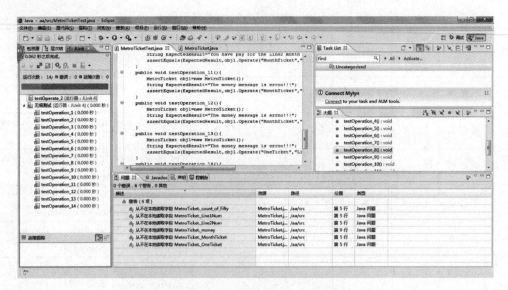

图 4-32　MetroTicket 测试结果

图 4-33　MetroTicket 测试用例全部通过

```
        {
            _count_of_five -- ;
            _count_of_Ten++;
            _result = "You have pay for the Line1. Please pick it up and the loose
change.";

            return _result;
        }
        else
//return "There has no loose change,Please pick up your money,Sorry!!!!";
            return "The money message is errno!!!";
        }
    …
```

那么 Junit 测试结果就是第 5 个测试用例出错,如图 4-34 所示。

图 4-34 第 5 个测试用例失败

以上错误程序参见"MetroTicket-error.java"。

运行后会出现错误,可以看到有一个失败(Failures:1),测试人员可进一步看到出错的具体结果,单击该失败条,在下面显示具体失败信息。

第5章

集成和系统测试

5.1 集成测试概述

软件的集成和系统测试是软件开发过程的重要组成部分,是对软件产品进行验证和确认的活动过程,其目的是在软件系统发布之前,发现其中的缺陷,提高软件的可靠性。因此,软件的集成和系统测试是保证软件质量的关键步骤,更是开发过程中不可或缺的一步。

集成测试(Integration Testing)是将已经分别通过测试的单元按设计要求组合起来再进行测试,以检查这些单元接口是否存在问题。系统测试一般由若干个不同测试组成,目的是充分运行系统,验证系统各部件能否正常工作并完成所赋予的任务。

集成测试中的功能测试区分于单元测试中的功能测试;单元测试中功能测试的目的是保证所测试的每个独立页面在功能上是正确的,主要从输入条件和输出结果进行判断。集成测试前后的功能测试,不仅需要考虑模块之间的相互作用,而且需要考虑系统应用环境,其衡量标准是实现产品规格说明书上所要求的内容。

集成测试的基本策略有非增值式策略和增值式策略两种:

1. 非增值式策略

非增值式策略又称一次性组装,使用这种方式,首先对每个模块或者子系统分别进行测试,然后再把所有模块或者子系统组装在一起进行测试,最终得到要求的软件系统。

这种方式的优点:一是方法简单;二是允许多个测试人员并行开始工作,人力、物力资源利用率高。缺点是:必须为每个模块准备相应的驱动模块和辅助桩模块,测试成本较高;一旦集成后的系统包含多种错误,很难对错误进行定位和纠正。

2. 增值式策略

增值式策略又称渐增式组装,首先对一个个模块进行模块测试,然后将它们逐步组装成较大的系统,在组装过程中边连接边测试,以发现连接过程中的问题,即通过增值逐步组装成要求的软件系统。

这种方式的优点:一是利用已经测试过的模块作为部分测试软件,有效减少做测试代码的开销,同时把已经测试完成的模块和新加进来的模块一起测试,可以使测试更加充分;二是相对非增值式策略,可以较早地发现模块之间的接口错误;三是发现问题也易于定位。

它的缺点是：测试周期较长，可以同时投入的人力物力受限。

5.2 系统测试概述

系统测试(System Testing)是将通过确认测试的软件，作为整个基于系统的一个元素，与硬件、某些支持软件和人员等其他系统元素结合在一起。在实际运行环境下，对系统进行一系列的组装测试和确认测试。系统测试的目的在于通过与系统的需求定义作比较，发现软件与系统的定义不符合的地方。

系统测试的对象是这个产品系统，它不仅仅包括产品系统的软件，还包括系统软件所依赖的硬件、外设和接口。

系统测试的依据为系统的需求规格说明书、概要设计说明书及各种规范。

系统测试过程包括测试计划、测试设计、测试实施、测试执行和测试评估这几个阶段，而在整个测试过程中首先需要对需求规格进行充分的分析，分解出各种类型的需求（功能性需求、性能需求、其他需求等），在此基础上才可以开始测试设计工作，而测试设计又是整个测试过程中非常重要的一个环节，测试设计的输出结果是测试执行活动依赖的执行标准，测试设计的充分性决定了整个系统测试过程的测试质量。

1. 系统测试的主要内容

(1) 功能测试。根据用户需求，通过软件测试来确定系统能否正常运行，是否满足用户的功能需求。软件系统功能的正确性是关系到该系统质量的重要因素。

软件系统功能测试是必须进行的，必须认真完成，放在系统测试的第一位。

(2) 性能测试。主要测试软件系统处理指令的速度情况，检验软件的性能。

(3) 安全性测试。全面检验软件在需求规格说明中规定的防止危险状态措施的有效性和每一个危险状态下的反应。

(4) 兼容性测试。验证软件之间是否正确地交互和共享信息。

(5) 可靠性测试。检验软件系统按照用户的要求和设计的目标执行其功能的可靠程度。

(6) 容错性测试。检验软件系统在异常条件下自身是否具有防护性的措施或者某种灾难性恢复的手段。

本书主要介绍系统功能测试和性能测试。

2. 软件测试各阶段的区别

我们知道，软件的测试主要分为单元测试、集成测试、系统测试三个阶段，每个阶段的测试对象、测试目标、测试方法和评估基准等各不相同。

(1) 测试方法不同。系统测试属于黑盒测试，它只需要关注系统功能的正常实现以及在不同条件下系统所表现出来的性能，而不需要关心系统是如何实现这些功能的。单元测试、集成测试属于白盒测试、灰盒测试的范畴，需要关心代码的实现或者不同组件之间是如何交互通信的。

(2) 测试对象和目标不同。单元测试主要测试函数内部的接口、数据结构、逻辑和异常处理等对象,它关注的是一段代码的实现质量的好坏。集成测试主要测试模块之间的接口,它关注的是几个模块之间配合运行质量的好坏。系统测试主要测试整个系统的规格实现情况,包括测试系统在各种测试条件和用户使用条件下所表现的性能,并且证明在这些条件下系统能够达到用户定义的质量。

(3) 评估基准不同。系统测试评估标准是测试用例的需求规格的覆盖率。单元测试、集成测试主要的评估标准是代码和功能设计的覆盖率。

5.3 利用业务流进行集成和系统功能测试

系统测试是在集成测试之后,与计算机硬件、某些支持软件、数据和人员等系统元素结合起来,在实际运行环境下对计算机系统进行严格的测试,发现软件的潜在问题,保证系统的运行。

集成测试和系统测试中要注意的问题如下。

测试需求分析:除了需要确保要求实现的功能正确,软件更强调数据的精确性,网站强调服务器所能承受的压力,ERP 强调业务流程,驱动程序强调软硬件的兼容性。在做测试分析时需要根据软件的特性来选取测试类型,并将其列入测试需求当中。需求分析后要得出结果:测试的焦点是指根据所测的功能点进行分析、分解,从而得出着重于某一方面的测试,如界面、业务流、模块化、数据、输入域等。目前关于各个焦点的测试也有不少的指南,那些已经是很好的测试需求参考了,在此仅列出业务流的测试分析方法。

任何一套软件都会有一定的业务流,也就是用户用该软件来实现自己实际业务的一个流程,针对这个系统业务流程的测试,需要根据用例场景设计测试用例。用例场景是通过描述流经用例的路径来确定的过程,这个流经过程要从用例开始到结束遍历其中所有基本流和备选流。

现在的软件基本都是由事件触发来控制流程的,事件触发时的情景即形成了场景,而不同事件不同的触发顺序和处理结果形成事件流。在 UML 中称为用例路径。这种软件设计思想也被引入到软件测试中,可以生动地描绘出事件触发时的情景,有利于测试设计者设计测试用例,同时测试用例也更加容易地得到理解和执行。

对于信息管理系统和类似的其他系统来说,各个页面的基本功能已经在单元测试阶段详细地进行了测试,但是每个页面或者类单元没有错误并不代表它们集成起来的模块和系统在功能上不会出错。特别要注意页面之间相互联系的业务是否会出现什么问题,系统的集成测试和系统功能测试时需要注意以下几点。

(1) 多次反复地执行某几个相互联系页面的功能是不是会带来问题?

(2) 颠倒某些业务的执行顺序是不是会带来问题?

(3) 采用大量数据的测试是不是会带来问题?

(4) 几个用户同时进行某个页面操作是不是会带来问题?

(5) 几个用户同时进行某些不同页面的操作,而这些操作又有联系或者它们之间有复杂的业务逻辑是不是会带来问题?

5.4 利用业务流进行集成和系统功能测试的实验

【实验目的】

（1）学习并掌握集成和系统的功能测试方法。

（2）利用集成测试和系统的功能测试的基本方法，正确地组织测试用例，编写报告。

【实验环境】

（1）Windows XP，Office 2007，MySQL 数据库，IE 8.0。

（2）被测程序：实验设备管理系统。

【实验重点及难点】

掌握集成和系统测试的测试方法，编写集成测试报告。正确地组织测试用例并进行测试。

【实验内容】

（1）学习集成测试思想和方法，完成"实验设备管理系统"各个模块的集成测试和系统功能测试。本次测试主要根据系统需求，对"实验设备管理系统"进行系统测试，主要包括界面测试及各个模块的功能测试。

"实验设备管理系统"的安装过程在本书 4.2.2 节中已经详细地介绍过了，这里不再赘述。被测程序和数据库请到本教材的配套学习网站上下载，具体搭建与配置步骤比较复杂，请参考"附录 B 实验设备管理系统程序安装说明"，或者配套学习网站上的实验设备管理系统程序安装说明.xlsx 文件。

（2）根据"实验设备管理系统"各个模块的需求，设计各个模块的集成测试和系统功能测试用例。

本次系统测试主要进行系统功能测试，着眼于实验设备管理系统的外部表现行为，关注系统的输入和输出，关注用户的需求。在设计测试用例时，根据各个不同模块的具体需求，主要使用场景法以及业务流进行测试设计。出现缺陷时使用白盒测试的方法进一步对缺陷进行检测。通过执行测试用例，找出管理系统的缺陷，从而保证系统的质量。

制定集成和系统功能测试计划的依据是系统前期开发的文档，包括《系统详细需求说明书》和《系统详细设计说明书》等。详细内容请参考【系统功能说明】

注意：对于系统的场景以及业务流程的测试要做到全面完整，不能遗漏任何一个可能的业务流程的测试。

（3）执行测试过程，记录测试 Bug。

（4）撰写测试报告。

【系统功能说明】

在"实验设备管理系统"中，有两种用户角色的划分，分别是设备管理员和管理员负责人。设备管理员是普通的负责实验室管理的教师，管理员负责人是有审批权限的负责实验室管理的领导。

在"实验设备管理系统"的集成和系统测试中，需要进行各个角色和各个功能之间的关系的详尽的测试和确认。特别需要注意的是，各个不同角色同时进行操作时，功能是否能够准确地完成。

系统分为"设备购买管理""设备信息管理""设备报废管理""系统维护"和"退出系统"5

个模块。"设备购买管理"包括"购买设备申请"和"购买设备审批"功能。"设备信息管理"包括"设备信息查询""设备购买查询"和"设备维修管理"功能。"设备报废管理"包括"设备报废申请"和"设备报废审批"功能。"实验设备管理系统"的功能结构如图 5-1 所示。

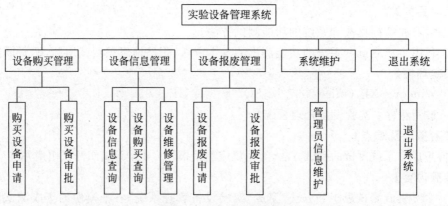

图 5-1   系统功能结构图

设备管理员登录时,先对设备管理员的信息进行验证。若设备管理员信息正确,则可进入系统。设备管理员可以进入"设备购买管理"的"购买设备申请"模块、"设备信息管理"的全部模块、"设备报废管理"的"设备报废申请"模块以及"退出系统"模块。

设备管理员可以在系统中进行购买设备申请,可以查询设备的基本信息,还可以添加、修改和删除设备维修记录。若设备无法维修需要报废,可以提交设备报废申请。设备管理员用例图如图 5-2 所示。

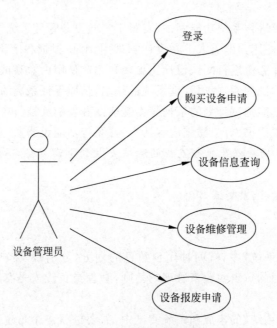

图 5-2   设备管理员用例图

管理员负责人登录时,先对管理员负责人的信息进行核对。若管理员负责人信息正确,则可进入系统。管理员负责人可以进入"设备购买管理""设备信息管理""设备报废管理"

"系统维护"和"退出系统"中的各个模块。

管理员负责人可以在系统中进行购买设备申请,可以查询设备的基本信息,还可以添加、修改和删除设备维修记录。若设备无法维修需要报废,可以提交设备报废申请。除此之外,设备管理员提交购买设备申请、设备报废申请后,需由管理员负责人进行审批,通过审批后方可购买设备、报废设备。管理员负责人还可以对管理员信息进行维护,可以添加、修改和删除管理员信息。管理员负责人用例图如图 5-3 所示。

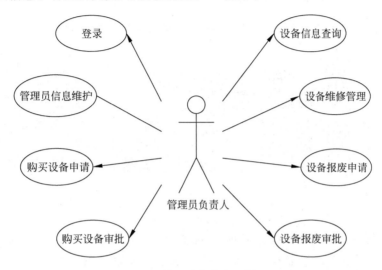

图 5-3 管理员负责人用例图

系统业务流程图如图 5-4 所示,由设备管理员提出购买设备申请,由管理员负责人进行审批。在进行设备购买查询时加入设备购买信息,还可以进行设备维修管理。设备报废申请需管理员负责人审批。

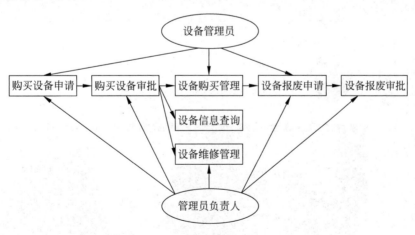

图 5-4 系统业务流程图

设备管理员进入系统主页面如图 5-5 所示,在本页面上集成了本系统的主要功能,共有4 个功能模块,每个功能模块又包括若干个子功能模块,通过这些功能模块来进行实验设备的日常管理。

图 5-5　设备管理员系统主页面

图 5-6 为管理员负责人系统主页面,与设备管理员系统主页面相比,增加了"购买设备审批""设备报废审批"以及"管理员信息维护"的功能。管理员负责人不仅可以完成设备管理员的操作,在设备管理员提交购买设备申请、设备报废申请后,管理员负责人需对其进行审批,才可购买设备、报废设备。同时管理员负责人可以对本系统的安全性进行管理,在系统维护模块中,可以添加、删除和修改设备管理员的权限。

图 5-6　管理员负责人系统主页面

下面分别介绍各个主要页面的功能。

1. "设备购买管理"模块

1) 购买设备申请页面

在购买实验设备之前,需由设备管理员或管理员负责人提交申请,此时需要单击"设备购买管理"模块下的"购买设备申请"选项。单击后显示购买设备申请页面,如图 5-7 所示。

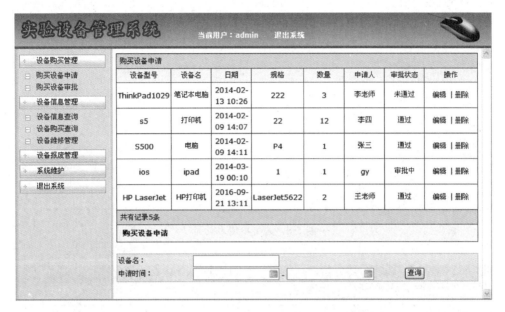

图 5-7　购买设备申请页面

购买设备申请页面中,可以进行添加购买设备申请、编辑购买设备申请及删除购买设备申请的操作。还可根据"设备名"和"申请时间"查询购买设备申请信息。

在"购买设备申请"页面,单击"购买设备申请"按钮,会显示购买申请表页面,申请人需填写相关信息,单击"提交"按钮,便完成了购买设备申请的操作。购买申请表页面如图 5-8 所示。

2) 购买设备审批页面

申请者申请购买设备后,会提交到审批列表中,管理员负责人登录系统后,单击"设备购买管理"模块下的"购买设备审批"选项,能够查看到设备购买审批列表,从而进行审批操作。还可根据"设备名"或"申请时间"查询购买设备申请信息。购买设备审批页面如图 5-9 所示。

2. "设备信息管理"模块

1) 设备信息查询页面

当需要查询设备基本信息时,单击"设备信息管理"模块下的"设备信息查询"选项即可,页面显示实验设备一览表,可以查看实验设备的基本信息,也可根据"设备名"或"购买日期"显示要查询的设备信息,如图 5-10 所示。

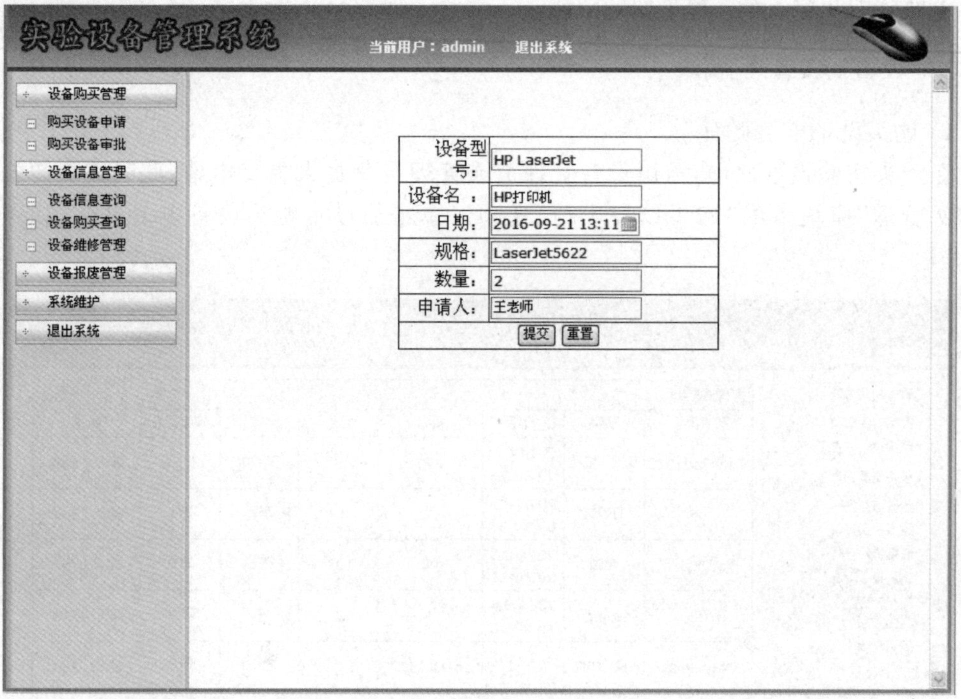

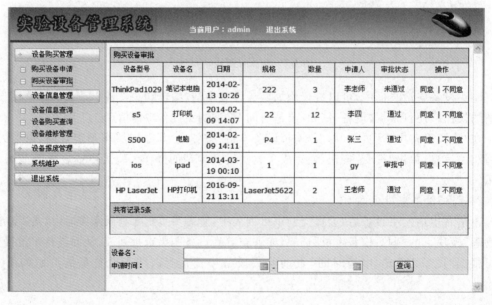

图 5-8　购买申请表页面

图 5-9　购买设备审批页面

2）设备购买查询页面

购买设备审批通过后，可以通过单击"设备信息管理"模块下的"设备购买查询"选项，在设备购买查询页面中查看设备的单价、购买日期、生产厂家、购买人等信息。也可根据"设备名"或"购买日期"来查询设备的购买信息。设备购买查询页面如图 5-11 所示。

图 5-10 设备信息查询页面

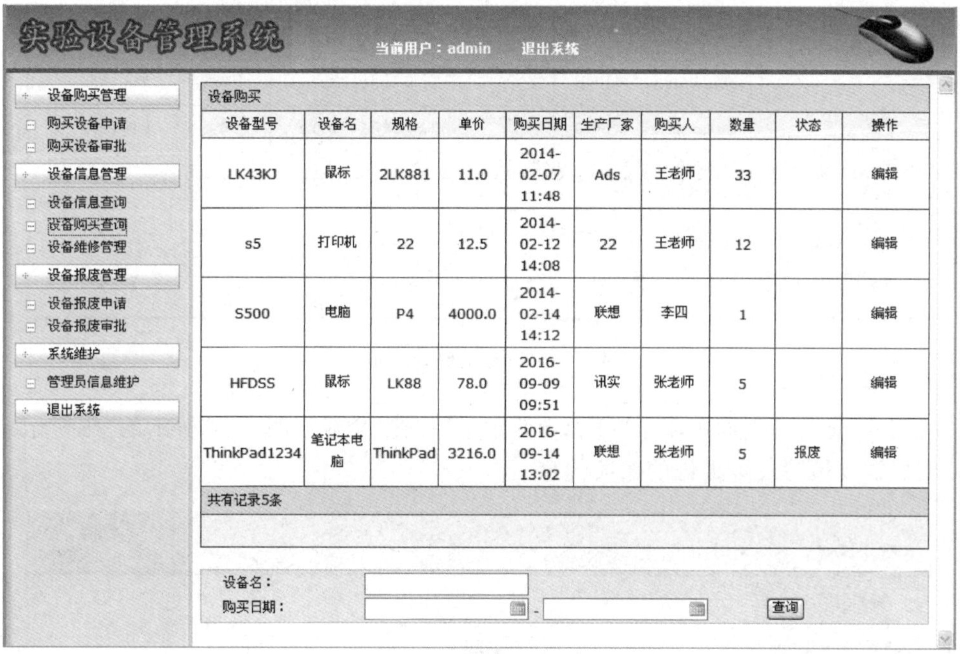

图 5-11 设备购买查询页面

在设备购买查询页面中,单击"编辑"按钮后,可对设备购买信息进行修改及添加操作,如图 5-12 所示。

3) 设备维修管理页面

"设备维修管理"页面记录了设备维修信息,若需要添加、编辑、删除维修记录,可单击"设备信息管理"模块下的"设备维修管理"选项。在此页面中可以根据"设备名"和"维修日期"查看相关维修记录。设备维修管理页面如图 5-13 所示。

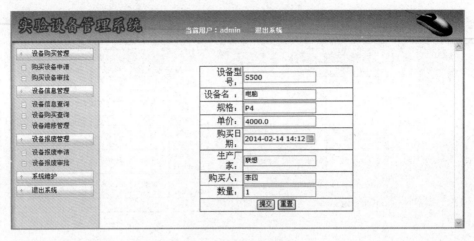

图 5-12　设备购买表页面

图 5-13　设备维修管理页面

在设备维修管理页面中单击"添加维修记录"按钮，会显示图 5-14 所示的"维修记录表"页面，用户需要填写设备维修的相关信息。

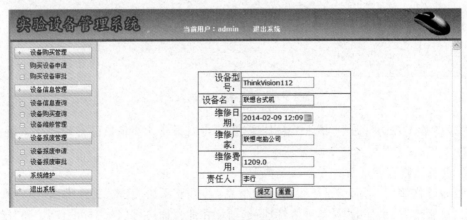

图 5-14　维修记录表页面

3. "设备报废管理"模块

1) 设备报废申请页面

当实验设备损坏严重,无法维修,需要报废时,用户需提交报废申请。此时单击"设备报废管理"模块下的"设备报废申请"选项,在"设备报废申请"页面单击"报废申请"按钮即可。在此页面中可以根据"设备名""购买日期"查看相关设备报废申请信息。设备报废申请页面如图 5-15 所示。

图 5-15　设备报废申请页面

2) 设备报废审批页面

在图 5-15 中单击"报废申请"按钮后,该信息会显示在报废设备审批页面中,管理员负责人登录后可在此页面进行设备报废审批。若批准设备报废,则单击"同意"按钮;若不批准设备报废,则单击"不同意"按钮。在此页面中可以根据"设备名""报废日期"查看相关设备报废审批信息。设备报废审批页面如图 5-16 所示。

4. "系统维护"模块

管理员负责人可以通过单击"系统维护"模块下的"管理员信息维护"选项对管理员信息进行维护,保证系统的安全。在"管理员信息维护"页面中,可以添加、删除、修改管理员信息。管理员信息维护页面如图 5-17 所示。

管理员负责人单击"删除"按钮时,可以删除该行信息。当管理员负责人单击"编辑"按钮时,可对该行信息进行更改,包括"登录名""密码""权限",如图 5-18 所示。

管理员负责人单击"添加管理员"按钮时,会显示"管理员信息表"页面,可以填写需要添加的管理员的相关信息。

图 5-16　设备报废审批页面

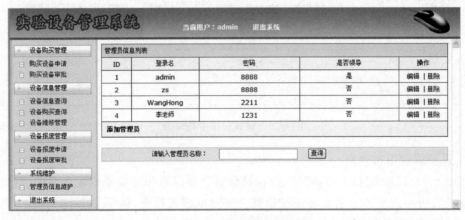

图 5-17　管理员信息维护页面

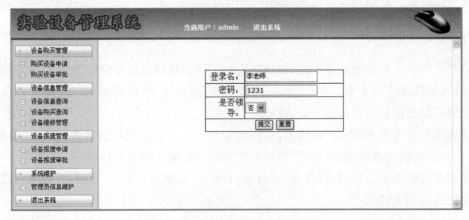

图 5-18　管理员信息表页面

【实验指导】

在"实验设备管理系统"中,有两种角色的划分,分别是设备管理员和设备管理员负责人。在"实验设备管理系统"的集成和系统测试中,需要进行各个角色和各个功能之间的详尽的测试和确认。特别需要注意各个不同角色同时进行操作时,功能是否能够准确的完成。

在进行"实验设备管理系统"的集成和系统测试时,测试用例的设计要特别注意以下几点。

(1) 购买设备申请页面。

单击"购买设备申请"按钮,如果"数量"没有输入数字,记录是否提交出错,数据库中是否没有这条新加的记录。

(2) 购买设备审批页面。

新增一条设备购买申请的记录,在购买设备审批页面应该可以查询到该记录,其状态为"审批中",如果单击"同意"按钮,则其状态显示"通过";单击"不同意"按钮,则其状态显示"未通过"。显示"通过"的记录不可以再单击"不同意"按钮。显示"通过"的记录可以再单击"同意"按钮。显示"未通过"的记录可以再单击"同意"按钮。显示"未通过"的记录可以再单击"不同意"按钮。

(3) 在购买设备审批页面中审批状态为"通过"的记录,在设备信息查询、设备购买查询、设备报废申请页面其状态应该是空。在设备维修管理页面、设备报废审批页面应该不能够查到这条记录。

(4) 设备购买查询页面。

单击"编辑"按钮继续添加"购买日期""单价""生产厂家"和"购买人"等信息,此时在设备信息查询页面、设备报废申请页面中可以查到这条记录并且信息一致,状态应该为空,在设备维修管理页面和设备报废审批页面不应该有这条记录。

(5) 设备维修管理页面。

在设备维修管理页面可以多次单击"添加维修记录"按钮,添加对一个设备的维修记录,也可以按照"维修日期"和"设备名"对维修记录进行查询,还可以删除维修记录。

(6) 设备报废申请页面。

报废申请应该只能提交一次,单击"报废申请"按钮后,自动在设备报废审批页面生成一条相应的数据,其状态为空,责任人和报废时间为空。多次单击"报废申请"按钮,报废审批页面应该还是保持一条数据不变。

(7) 设备报废审批页面。

如果在该页面中单击了"不同意"按钮,则审批状态应该变为"未通过",责任人和报废日期为空。在设备报废审批页面中如果单击了"同意"按钮,其审批状态应该变为"通过",其报废日期为当前系统时间,责任人为当前用户(设备管理员负责人)。在"设备信息查询"和"设备购买查询"页面其状态应该由空变为"报废"。

以下为集成和系统功能测试基本测试用例,请参考。

1)"设备购买管理"模块

"设备购买管理"模块的测试用例和测试结果如表 5-1 所示,登录密码是"8888"。

表 5-1　"设备购买管理"模块测试用例

用例编号	用例描述	预期结果	实际结果
1-1	以 zs 身份(设备管理员)进入系统,单击"购买设备申请"按钮,检验"购买申请表"中的"提交"与"重置"按钮是否可用	可以成功提交购买设备申请信息,"购买申请表"中的"提交"与"重置"按钮可用	当输入字段为空时,没有未输入的检查,有些字段为空时记录提交出错。其他与预期结果一致
1-2	以 zs 身份(设备管理员)提交"购买申请表"后,检验购买设备申请页面是否会显示出申请信息此时,以 admin 身份(管理员负责人)登录系统,是否会显示出申请信息	可以在 zs 身份(设备管理员)页面的"设备购买申请"页面中显示申请信息。状态为"审批中"。并且在其他页面(设备信息查询、设备购买查询、设备维修管理页面、设备报废申请页面)应该不显示这条记录以 admin 身份(管理员负责人)登录系统,检验是否会在"购买设备申请"以及"购买设备审批"页面中显示出该条申请信息,状态应为"审批中"。并且在其他页面(设备信息查询、设备购买查询、维修管理页面、报废申请、报废审批页面)应该不能够查到这条记录	与预期结果一致
1-3	以 zs 身份(设备管理员)进入系统,检验"购买设备申请"页面中的"编辑"按钮是否可用,以及弹出"购买申请表"中的"提交"与"重置"按钮是否可用,检验编辑后的信息是否直接在此页面发生改变,且检验以 admin 身份(管理员负责人)登录后,购买设备申请与购买设备审批页面中,显示的信息是否发生改变	购买设备申请页面中的"编辑"按钮可用,弹出的"购买申请表"中的"提交"与"重置"按钮可用。编辑后的信息不仅直接在此页面发生改变,而且在管理员负责人页面的"购买设备申请"以及"购买设备审批"页面中的信息也发生改变	当输入字段为空时,没有未输入的检查,记录提交出错。其他与预期结果一致
1-4	以 zs 身份(设备管理员)进入系统,检验"购买设备申请页面"中的"删除"按钮是否可用,删除的信息是否不会显示在当前页面中。且检验以 admin 身份(管理员负责人)登录后,"购买设备申请"与"购买设备审批"页面中,是否会显示此条信息	当前页面不会显示删除的信息,管理员负责人页面中的"购买设备申请"与"购买设备审批"页面中不会显示此信息	与预期结果一致
1-5	以 zs 身份(设备管理员)进入系统,检验"购买设备申请"中的按"设备名"查询信息是否可用	按"设备名"查询信息可用	与预期结果一致

用例编号	用 例 描 述	预 期 结 果	实 际 结 果
1-6	以 zs 身份（设备管理员）进入系统，检验"购买设备申请"中的按"申请时间"查询信息是否可用	按"申请时间"查询信息可用	与预期结果一致
1-7	以 admin 身份（管理员负责人）登录系统，在"购买设备审批"页面中，一次或多次单击"不同意"按钮 当以 zs 身份（设备管理员）登录系统时，检验是否可在"购买设备申请"页面中，看到相关信息并且状态正确	检验审批状态是否为"未通过"。在"设备信息管理"模块的"设备信息查询""设备购买查询"，在"设备维护""设备报废"各个页面不可以看到此设备信息 当以 zs 身份（设备管理员）登录系统时，检验是否可在"购买设备申请"页面中，看到相关信息并且状态"未通过" 在"设备信息管理"模块的"设备信息查询""设备购买查询"页面不可以看到此设备信息。在"设备维修管理""设备报废"模块各个页面不可以看到此设备信息	与预期结果一致
1-8	以 admin 身份（管理员负责人）登录系统，在"购买设备审批"页面中，单击"同意"按钮	检验审批状态是否变为"通过" 当以 zs 身份（设备管理员）登录系统时，可在"设备信息查询""设备购买查询"页面中，看到相关信息并且状态正确，状态为空 在"设备报废管理"模块的"设备报废申请"页面，也可以看到此设备信息，状态为空。但是在"设备信息管理"模块的"设备维修管理"页面，在"设备报废审批"页面，不可以看到此设备信息	在"设备信息查询""设备购买查询"页面可以看到此设备信息，但是状态为 null。（见图 5-19） 其他与预期结果一致
1-9	以 admin 身份（管理员负责人）登录系统，在"购买设备审批"页面中，对状态已经是"通过"的设备再次单击"同意"按钮	检验审批状态是否仍为"通过" 在"设备信息管理"模块的"设备信息查询""设备购买查询"页面，在"设备报废管理"模块的"设备报废申请"页面，仍然可以看到此设备的一条信息 在其他页面没有此记录的信息	在"设备信息管理"模块的"设备信息查询""设备购买查询"页面，在"设备报废管理"模块的"设备报废申请"页面，看到此设备的 2 条重复的信息。（见图 5-20） 其他与预期结果一致
1-10	以 admin 身份（管理员负责人）登录系统，在"购买设备审批"页面中，对状态已经是"通过"的设备再次单击"不同意"按钮	应该弹出警告不允许进行此操作。审批状态仍然为"通过" 在"设备信息管理"模块的"设备信息查询""设备购买查询"页面，在"设备报废管理"模块的"设备报废审批"页面仍然可以看到此设备的一条信息	没有警告 审批状态变为"未通过" 其他与预期结果一致
1-11	由于 admin（管理员负责人）的"设备购买管理"模块与 zs（设备管理员）的"设备购买管理"模块功能相似，因此在 admin（管理员负责人）的"设备购买管理"模块中再执行一遍用例 1-1 至用例 1-10	管理员负责人页面中的"设备购买管理"模块中各功能正常	Bug 与用例 1-1 至用例 1-10 相同

图 5-19 状态为 null

图 5-20 两条重复的信息

2）"设备信息管理"模块

"设备信息管理"模块的测试用例和测试结果如表 5-2 所示。

表 5-2 "设备信息管理"模块测试用例

用例编号	用 例 描 述	预 期 结 果	实 际 结 果
2-1	以 zs 身份（设备管理员）进入系统,单击"设备信息查询"选项,检验是否显示设备基本信息	正常显示设备基本信息	与预期结果一致
2-2	以 zs 身份（设备管理员）进入系统,单击"设备购买查询"按钮,单击此页面中的"编辑"按钮,对信息进行更改,检验"设备购买表"页面中的"提交"与"重置"按钮是否可用	"设备购买查询"中的"编辑"按钮可用 "设备型号""设备名"和"规格"不可修改 如果任意字段为空,应该弹出对话框不允许输入为空 页面中的"提交"与"重置"按钮可用	"设备名"和"规格"可修改 当字段为输入空时,没有未输入的检查,"数量"等为空时记录提交出错 其他与预期结果一致
2-3	以 zs 身份（设备管理员）或以 admin 身份（管理员负责人）进入系统时,单击"设备信息查询"选项	以设备管理员或管理员负责人身份登录,设备信息查询页面该条信息均发生改变	与预期结果一致
2-4	以 zs 身份（设备管理员）进入系统,单击"设备购买查询"选项,单击此页面中的"编辑"按钮,对信息进行更改,之后以 zs 身份（设备管理员）或以 admin 身份（管理员负责人）进入系统时,单击"设备信息查询"选项	检验信息是否改变并且仅为一条信息	与预期结果一致
2-5	以 zs 身份（设备管理员）进入系统,检验"设备购买查询"中的按"设备名"查询信息是否可用	按"设备名"查询信息可用	与预期结果一致
2-6	以 zs 身份（设备管理员）进入系统,检验"设备购买查询"中的按"购买日期"查询信息是否可用	按"购买日期"查询信息可用	与预期结果一致
2-7	以 zs 身份（设备管理员）进入系统,单击"设备维修管理"选项,单击"添加维修记录"按钮,检验"维修记录表"中的"提交"与"重置"按钮是否可用	可以成功添加设备维修记录,"维修记录表"中的"提交"与"重置"按钮可用	当字段输入为空时,没有未输入的检查,某些字段为空时记录提交出错。"维修费用"不是数字时出错 其他与预期结果一致
2-8	以 zs 身份（设备管理员）添加设备维修记录后,检验设备维修管理页面是否会显示出设备维修信息。此时,以 admin 身份（管理员负责人）登录系统,检验是否会在"设备维修管理"页面中显示出设备维修信息	可以在管理员负责人页面的"设备维修管理"页面中显示设备维修信息	与预期结果一致

续表

用例编号	用例描述	预期结果	实际结果
2-9	以 zs 身份(设备管理员)进入系统,检验"设备维修管理"页面中的"编辑"按钮是否可用,以及弹出的"维修记录表"中的"提交"与"重置"按钮是否可用,检验编辑后的信息是否直接在此页面发生改变,且检验以 admin 身份(管理员负责人)登录后,设备维修管理页面中显示的信息是否发生改变	"设备维修管理"页面中的"编辑"按钮可用,弹出"维修记录表"中的"提交"与"重置"按钮可用。编辑后的信息不仅直接在此页面发生改变,而且也在管理员负责人页面中的设备维修管理页面中发生改变	当字段的输入为空时,没有未输入的检查,某些字段为空时记录提交出错。"维修费用"输入非数字时出错其他与预期结果一致
2-10	以 zs 身份(设备管理员)进入系统,检验"设备维修管理"页面中的"删除"按钮是否可用,删除的信息是否不会显示在当前页面中。且检验以 admin 身份(管理员负责人)登录后,"设备维修管理"页面中是否会显示此条信息	当前页面不会显示已经删除的信息,管理员负责人页面中的"设备维修管理"页面中不会显示此信息	与预期结果一致
2-11	以 zs 身份(设备管理员)进入系统,检验"设备维修管理"中的按"设备名"查询信息是否可用	按"设备名"查询信息可用	与预期结果一致
2-12	以 zs 身份(设备管理员)进入系统,检验"设备维修管理"中的按"维修日期"查询信息是否可用	按"维修日期"查询信息可用	与预期结果一致
2-13	由于 admin(管理员负责人)的"设备信息管理"模块与 zs(设备管理员)的"设备信息管理"模块功能相似,因此在 admin(设备管理员负责人)的"设备信息管理"模块中再执行一遍用例 2-1 至用例 2-12	管理员负责人页面中的"设备信息管理"模块中各功能正常	Bug 同用例 2-1 至用例 2-12

3)"设备报废管理"模块

"设备报废管理"模块的测试用例和测试结果如表 5-3 所示。

表 5-3 "设备报废管理"模块测试用例

用例编号	用例描述	预期结果	实际结果
3-1	以 zs 身份(设备管理员)进入系统,单击"设备报废申请"选项,单击操作栏中的"报废申请"按钮。以 admin 身份(管理员负责人)进入系统,检验"设备报废审批"页面中是否显示此信息	以管理员负责人身份进入系统,"设备报废审批"页面中显示此信息	与预期结果一致
3-2	以 admin 身份(管理员负责人)进入系统,对已经提交设备报废申请的记录再次单击操作栏中的"报废申请"按钮	弹出警告:"该设备已经报废""设备报废审批"页面仍是一条记录	"报废审批"页面显示2条重复的记录

用例编号	用 例 描 述	预 期 结 果	实 际 结 果
3-3	以 zs 身份（设备管理员）进入系统，检验"设备报废申请"页面中的按"设备名"查询信息是否可用	按"设备名"查询信息可用	与预期结果一致
3-4	以 zs 身份（设备管理员）进入系统，检验"设备报废申请"页面中的按"购买日期"查询信息是否可用	按"购买日期"查询信息可用	与预期结果一致
3-5	以 admin 身份（管理员负责人）登录系统，在"设备报废审批"页面的操作项中，单击"同意"按钮，检验审批状态是否变为"通过"，其报废时间为当前系统时间，责任人为当前用户（管理员负责人）。单击"不同意"按钮，检验审批状态是否变为"未通过"，其报废时间、责任人为空。同意报废时，检验"设备信息查询"页面、"设备购买查询"页面中的状态栏是否改为"报废"。以 zs 身份（设备管理员）登录系统，检验"设备信息查询"页面、"设备购买查询"页面中的状态栏是否改为"报废"。不同意报废时，检验"设备信息查询"页面、"设备购买查旬"页面中的状态栏是否仍然为空	管理员负责人设备报废审批功能正常	与预期结果一致
3-6	在"设备报废审批"页面，对已经报废的设备再次单击"不同意"按钮	应该弹出警告框："该设备已经报废"，在设备报废审批页面其审批状态应该仍然为"通过" 在设备信息查询、设备购买查询页面，其状态仍然为"报废"	没有弹出警告框，在设备报废审批页面其审批状态为"未通过" 其他与预期结果一致
3-7	由于 admin（管理员负责人）的"设备报废管理"模块与 zs（设备管理员）的"设备报废管理"模块功能相似，因此在 admin（管理员负责人）的"设备报废管理"模块中再执行一遍用例 3-1 至用例 3-6	管理员负责人页面中的"设备报废管理"模块中的各功能正常	Bug 与用例 3-1 至用例 3-6 相同

4）"系统维护"模块

"系统维护"模块的测试用例和测试结果如表 5-4 所示。

表 5-4　"系统维护"模块测试用例

用例编号	用例描述	预期结果	实际结果
4-1	以 admin 身份(管理员负责人)进入系统,单击"管理员信息维护"选项,单击"添加管理员"按钮,检验"管理员信息表"中的下拉框、"提交"与"重置"按钮是否可用	可以成功提交管理员信息,"管理员信息表"中的下拉框、"提交"与"重置"按钮可用	与预期结果一致
4-2	以 admin 身份(管理员负责人)进入系统,检验"管理员信息维护"页面中的"编辑"按钮是否可用,以及弹出"管理员信息表"中的"提交"与"重置"按钮是否可用。检验编辑后的信息在此页面是否直接发生改变	"管理员信息维护"页面中的"编辑"按钮可用,弹出"管理员信息表"中的"提交"与"重置"按钮可用。编辑后的信息直接在页面中改变	与预期结果一致
4-3	以 admin 身份(管理员负责人)进入系统,检验"管理员信息维护"页面中的"删除"按钮是否可用,删除的信息是否不会显示在当前页面中	当前页面不再显示删除的信息	与预期结果一致
4-4	以 admin 身份(管理员负责人)进入系统,检验"管理员信息维护"页面中的按管理员名称查询信息是否可用	按管理员名称查询信息可用	与预期结果一致

5)"退出系统"模块

"退出系统"模块的测试用例和测试结果如表 5-5 所示。

表 5-5　"退出系统"模块测试用例

用例编号	用例描述	预期结果	实际结果
5-1	以 zs 身份(设备管理员)进入系统,单击"退出系统"模块中的"退出系统"选项,检验是否退出系统	成功退出系统	与预期结果一致
5-2	以 admin 身份(管理员负责人)进入系统,单击"退出系统"模块中的"退出系统"选项,检验是否退出系统	成功退出系统	与预期结果一致
5-3	以 zs 身份(设备管理员)进入系统,单击主页面中的"退出系统"选项,检验是否退出系统	成功退出系统	与预期结果一致
5-4	以 admin 身份(管理员负责人)进入系统,单击主页面中的"退出系统"选项,检验是否退出系统	成功退出系统	与预期结果一致

【测试中需要注意的问题点】

(1)集成测试之前,集成的各个模块以及页面一定要做好充分的独立功能测试,否则在集成测试中碰到的问题要花大量的时间去查找到底是模块自身的功能问题,还是由于集成引起的问题。如果是自身引起的问题,则会浪费很多时间在修改和回测,造成时间浪费。在实际测试过程中,要避免集成的各个模块以及页面没有做好充分的单元测试,导致集成测试不全面。

(2)充分理解测试需求,按照系统的设计要求进行测试。避免主观臆断想当然的进行测试,导致测试功能不符合系统原来的设计意图。

(3)集成测试点、测试用例、测试数据都需要提前拟定,由测试人员进行审核和确认,达成共识。在实际测试过程中,要避免没有详尽的测试点、测试用例、测试数据的考虑,就匆忙上阵,导致测试进行的不全面。

(4)系统功能测试需要通过全面的系统业务流程模拟的方式进行。

5.5　系统性能测试

5.5.1　性能测试定义与要点

性能测试是指通过自动化的测试工具去模拟多种正常、峰值以及异常负载条件,来对系统的各项性能指标进行测试。性能测试的目的是验证软件系统是否能够达到用户提出的性能指标,发现软件系统中存在的性能瓶颈,以优化软件和系统。

性能测试可以通过手工和自动化两种测试手段实现。相比于"性能手工测试"而言,"性能自动测试"具有很多优势,节省了大量的人力资源和硬件资源,且自动化工具可以自动控制虚拟用户的运行与同步,实现严格意义上的并发操作;测试完毕后,工具将自动搜集测试数据,并分析结果,无需逐一搜集各台机器上的测试数据与结果。"性能自动测试"也可以比较快捷地重现上一次的测试场景。

性能自动化测试工具能够帮助测试人员模拟很多真实复杂的业务场景,能够让系统连续运行几天几夜甚至更久的时间,还能捕捉到很多难以捕捉到的结果,这些都是手工测试不能完成的。

5.5.2　性能测试术语

性能测试领域中,有着很多术语,如吞吐量、点击率、响应时间和 TPS 等,它们在测试中占有举足轻重的地位,接下来将一一介绍。

(1) 并发:并发一般分两种情况。一种是严格意义上的并发,即所有用户在同一时刻做同一件事情或操作,这种操作一般针对同一类型的业务。另一种并发是广义的并发。这种并发与狭义的并发的区别是尽管多个用户对系统发出了请求或进行了操作,但是这些请求或操作可以是相同的,也可以是不同的。对整体系统而言,仍然有很多用户同时对系统进行操作,因此,属于并发的范畴。

(2) 并发用户数:指某一个时刻同时进行了对服务器产生影响的操作的用户数量。

(3) 请求响应时间:对请求做出响应所需要的时间,即从客户端发出请求到得到响应的整个过程的时间,单位通常为"秒"或者"毫秒"。

(4) 事务:事务是一个操作或一系列操作,可将所关注的一系列操作"封装"成一个事务。

(5) 事务响应时间:完成一个事务所用的时间,一般"事务响应时间"中会包含一个或多个"请求响应时间"。

(6) 每秒事务数(Transaction Per Second,TPS):指每秒系统能够处理的交易或事务的数量。它是衡量系统处理能力的重要性能参数指标。

(7) 吞吐量、吞吐率:吞吐量即在单次事务中,客户端与服务器端进行的数据交互总量,通常,该参数受服务器性能和网络性能的影响。吞吐量除以时间,就是吞吐率,吞吐率是衡量网络性能的重要指标,一般可以用"请求数/秒"或"页面数/秒""业务数/小时或天""访问人数/天""页面访问量/天"等单位来衡量。

(8) 点击率(Hit Per Second,HPS):指每秒用户向 Web 服务器提交的 HTTP 请求数,

点击率越大,表明对服务器产生的压力也越大,但是点击率的大小并不能衡量系统的性能高低,因为它并没有代表点击产生的影响。

5.5.3　性能测试流程

性能测试主要包含计划阶段、设计阶段、实施阶段和执行阶段。

计划阶段的主要工作包括明确测试对象、定义测试目标、定义测试通过的标准、规划测试进度等。

设计阶段的主要工作包括设计测试用例、设计测试方法、定义监控指标、编写测试文档等。

实施阶段的主要工作包括搭建测试环境、准备测试数据、调试测试工具等。

执行阶段的主要工作包括测试脚本的录制与调试、对测试用例模型进行执行、监控测试过程、对测试结果进行分析等。

性能测试流程图如图 5-21 所示。

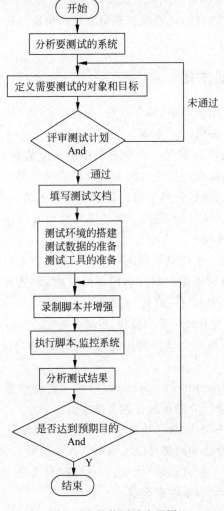

图 5-21　性能测试流程图

5.5.4　系统性能测试软件 LoadRunner

1．LoadRunner 概述

LoadRunner 是一种预测系统行为和性能的负载测试工具。通过模拟大量用户实施并发负载及实时性能监测的方式来确认和查找系统的性能问题。LoadRunner 能够对整个企业架构进行测试，通过使用 LoadRunner，企业能最大限度地缩短性能测试时间，优化系统性能，加速应用系统的发布周期。LoadRunner 是一种适用于各种体系架构的自动负载测试工具，它能预测系统行为并优化系统性能。

2．LoadRunner 组成

LoadRunner 测试过程的每个步骤均由一个 Mercury LoadRunner 工具组件执行。如图 5-22 所示，具体说明如下。

1）Mercury 虚拟用户生成器（VuGen）——创建脚本

VuGen 通过录制应用程序中用户执行的操作来生成虚拟用户（Vuser）。VuGen 将这些操作录制到自动虚拟用户脚本中，以便作为负载测试的基础。

图 5-22　LoadRunner 组成示意图

2）Mercury LoadRunner Controller——设计和运行场景

Controller 是用来创建、管理和监控负载测试的中央控制台。使用 Controller 可以运行用来模拟真实用户执行的操作的脚本，并可以通过让多个 Vuser（虚拟用户）同时执行这些操作来在系统中创建负载。

3）Mercury Analysis——分析场景

Mercury Analysis 提供包含深入的性能分析信息的图和报告。使用这些图和报告，可以标识和确定应用程序中的瓶颈，并确定需要对系统进行哪些更改来提高系统性能。

3．LoadRunner 术语

以下为 LoadRunner 使用中的一些常见术语。

场景（Scenario）：即测试场景，在 LoadRunner 中是指 Controller 中涉及与执行测试脚本中的用户场景。

事务（Transaction）：LoadRunner 通过事务来衡量服务器的性能。从业务方面讲，事务是用户做的一个或一系列操作，代表一定的功能；从程序方面讲，事务在程序中的表现就是一段代码块。一般可以将一个或多个操作步骤定义为一个事务。

虚拟用户（Vuser）：在场景中，LoadRunner 用虚拟用户即 Vuser 代替实际用户。Vuser 模拟实际用户的操作来使用应用程序。一个场景可以包含几十、几百甚至几千个 Vuser。

虚拟用户脚本（Vuser Script）：在 VuGen 中录制得到用户的行为就好比虚拟了一个用户的行为，这个录制到的行为就被称为虚拟用户脚本。虚拟脚本用于描述 Vuser 在场景中执行的操作。

4．LoadRunner 性能测试流程

测试通常由计划、脚本创建、场景定义、场景执行和结果分析五个阶段组成，如图 5-23 所示。

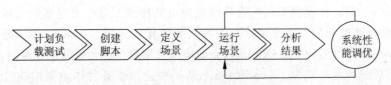

图 5-23　LoadRunner 性能测试流程图

- 计划负载测试：定义性能测试要求，例如，并发用户的数量、典型业务流程和所需响应时间；
- 创建 Vuser 脚本：使用 LoadRunnerVuGen 将最终用户活动捕获到自动脚本中；
- 定义场景：使用 LoadRunner Controller 设置负载测试环境；
- 运行场景：通过 LoadRunner Controller 驱动、管理和监控负载测试；
- 分析结果：使用 LoadRunner Analysis 创建图和报告并评估性能。

5．性能测试计划的制定

针对被测项目的背景，性能测试范围及软件实际运行情况，对于被测系统进行全面分析，制定性能测试计划。具体如下。

- 系统主要产生压力的角色有哪些？
- 系统主要产生压力的功能有哪些？
- 系统使用频繁时间有哪些？

然后针对以上系统压力最大的因素进行性能测试需求提取与设计，设计出性能测试的具体测试用例。性能测试用例应该包括以下内容。

- 测试用例编号；
- 业务名称：测试哪个子系统的哪个模块；
- 测试步骤：包括测试哪个页面的哪个操作，具体操作步骤是什么；
- 脚本设置：应该包括具体的事务设置内容，包括事务名称、起始位置和结束位置；
- 场景设置：应该根据系统应用情况，设计出具体的场景设置内容，如 300 个用户同时并发操作，每 10 秒增加 50 个用户等。
- 期望结果：
  - 平均事务响应时间；
  - 90% 响应时间；
  - 事务成功率；
  - CPU 使用率；
  - 内存占用率。

6．创建测试脚本

脚本录制编写是使用 LoadRunner 进行性能测试的一个重要环节。在 LoadRunner 性

能测试过程中,虚拟用户模拟真实用户使用被测系统,这个"模拟"的过程正是通过性能测试脚本来实现的。因此,编写一个准确无误的脚本对性能测试有至关重要的意义。

Vugen 的工作原理如图 5-24 所示,实质为"代理",代理(Proxy)可比喻为客户端与服务器端之间的中介人。录制过程中,VuGen 充当了"代理",它负责截获客户端与服务器之间的通信包,并负责转发,具体而言,截获并记录客户端发给服务器的请求数据包,之后将其转发给服务器端。服务器端处理请求后,VuGen 截获并记录从服务器端返回的数据包,之后将其返回给客户端。VuGen 通过分析"捕获到的信息"并将其

图 5-24　VuGen 工作原理

还原成与通信协议相对应的脚本,再将生成的脚本插入到 VuGen 编辑器中,以创建原始的Vuser 脚本。

在 Vugen 中启动虚拟用户生成器,开始测试脚本录制工作的页面如图 5-25 所示。

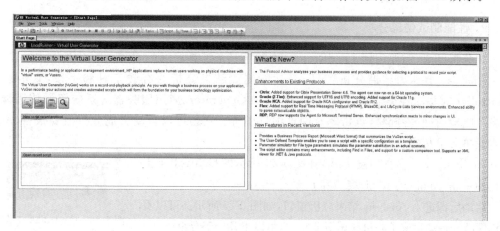

图 5-25　VuGen 初始页面

单击 File｜New 命令,创建脚本。首先选择正确的协议,一般 Web 系统选择 Web(HTTP/HTML)协议。选择了正确的协议后,单击 Create 按钮,将显示录制对话框,在对话框中输入系统 URL Address,单击 OK 按钮,进入录制画面。

这里引入事务的概念。事务是一系列操作的集合,在"一系列操作"之前与之后设定事务开始与结束,从而将"一系列操作"封装为一个整体,即事务。"插入事务"的作用及优势主要体现在能够对事务进行单独分析,更便于查看"一系列操作"的响应时间指标。

添加新事务,输入新事务的名称。按照测试计划在页面上的操作完成后,结束事务的录制。此时,可以观察到,在已经录制好的脚本中,出现了"lr_start_transaction()"和"lr_end_transaction(,LR_AUTO)"的字样,这两行语句为事务函数,标明了事务的起点与终点。

在全部录制工作结束后,还要单击工具条上的 ▶ 按钮进行回放,并在回放日志中寻找有无 Bug,如回放日志正常,证明脚本录制无误。

7. 测试场景创建与执行

在 VuGen 中选择 Tools｜Create Controller Scenario,启动 Controller。

进入 LoadRunner Controller 页面,进入左下角 Global Schedule 对场景进行配置。

首先单击左下角的 Initialize(初始化)项,接下来设置加压方式,设置 Vuser 持续执行时间。

为了了解平均事务响应时间,开启服务器水平协议窗口(Service Level Agreement, SLA)。传统上,SLA 包含了对服务有效性的保障,譬如对故障解决时间、服务超时等的保证。场景中,Controller 将搜集并储存与该测量目标相关的数据,之后在 Analysis 中将搜集到的性能数据与事先设定的目标进行比较,最终确定该指标的 SLA 状态是否通过,便于测试结果的分析。

打开 SLA 设置窗口,选择"通过时间线中的时间间隔确定 SLA 状态"及分支选项"平均事务响应时间",选择带度量的事务到 Selected Transaction 中。设定负载区间。进入 Service Level Agreement-Goal Definition 页面,进行负载设置。在 SLA 目标定义的时候,允许针对不同的负载数量区间设定不同的负载阈值。

设定完成后,回到 Controller 中,进行测试。测试过程中,下方的 4 张数据图会动态更新。具体的过程请参考 5.5.5 节。

8. 性能测试结果分析

要分析结果,需要用到 LoadRunner 中的第三个工具——Analysis。

Analysis 是压力结果分析工具,是性能测试结果分析的有效工具和手段,它汇总了 Controller 收集的各类结果分析图,包括 Load Generator、应用服务器等系统资源使用情况及事务响应时间、吞吐量、点击率及网页细分图等。它还可以自动生成分析概要报告、SLA 报告及事务分析报告等各类报告。

Analysis 支持多种启动方式,在图 5-26 所示的 Controller 工作栏中单击 Analysis 按钮  直接启动 Analysis。

启动后即进入 Analysis 结果分析窗口,如图 5-27 所示。可以看出程序已经自动生成了一份测试概要报告,由以下几个部分组成。

图 5-26　Controller 工作栏

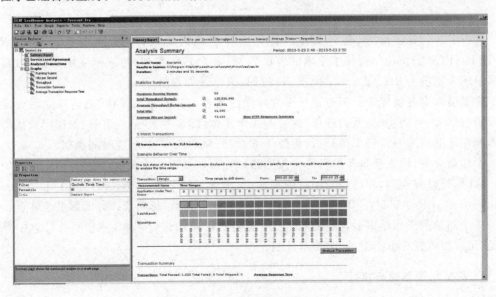

图 5-27　Analysis 概要报告窗口

概要整体信息如图 5-28 所示，主要包括待分析的场景的一些基本信息、运行时间、场景持续时间等。

Analysis Summary

Period: 2013-4-11 23:18 - 2013-4-11 23:20

Scenario Name: C:\Program Files\HP\LoadRunner\scenario\Scenario1.lrs
Results in Session: C:\Documents and Settings\Administrator\Local Settings\Temp\res\res.lrr
Duration: 2 minutes and 17 seconds.

图 5-28　概要整体信息

统计信息概要如图 5-29 所示，可以看到最大用户数、总吞吐量、平均吞吐量、总点击数、平均每秒点击数等性能测试的统计数据。

Statistics Summary

Maximum Running Vusers:		50
Total Throughput (bytes):		27,495,950
Average Throughput (bytes/second):		833,211
Total Hits:		2,400
Average Hits per Second:		72.727 View HTTP Responses Summary

图 5-29　统计信息概要

5 个执行情况最差的场景如图 5-30 所示，图中会显示针对"事务超出 SLA 阈值的比例及超出比率的幅度"而言执行最差的事务。如果所有事务均在 SLA 阈值内，则此项没有特殊显示。

5 Worst Transactions

All transactions were in the SLA boundary

图 5-30　执行情况最差的事务

随时间变化的场景行为如图 5-31 所示，可以看到场景运行期间不同时间间隔内各个事务的执行情况，色块的含义为：浅灰色代表尚未自定义相关 SLA，深灰色代表事务未超过 SLA 阈值，黑色代表事务超过了 SLA 阈值。

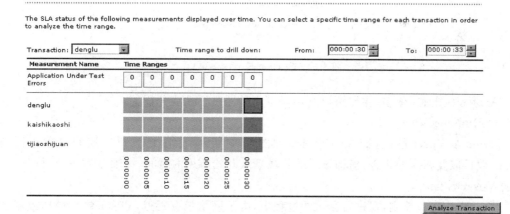

图 5-31　随时间变化的场景行为

事务概要如图 5-32 所示，用于查看各个事务的 SLA 状态及响应时间等相关信息，例如，最小值、平均值、最大值、标准方差、90%阈值、通过事务数、失败事务数及停止的事务数。

Transaction Summary

Transactions: Total Passed: 300 Total Failed: 0 Total Stopped: 0   **Average Response Time**

Transaction Name	SLA Status	Minimum	Average	Maximum	Std. Deviation	90 Percent	Pass	Fail	Stop
Action_Transaction	🔵	29.131	29.477	29.844	0.209	29.754	50	0	0
denglu	🔵	0.008	0.009	0.015	0.001	0.015	50	0	0
kaishikaoshi	🔵	0.007	0.008	0.011	0.001	0.01	50	0	0
tijiaoshijuan	🔵	0.007	0.008	0.012	0.001	0.01	50	0	0
vuser_end_Transaction	🔵	0	0	0	0	0	50	0	0
vuser_init_Transaction	🔵	0	0	0	0	0	50	0	0

Service Level Agreement Legend: 🔵 Pass   🔵 Fail   🔵 No Data

图 5-32　事务概要

HTTP 响应概要如图 5-33 所示,表示了测试期间 Web 返回的 HTTP 码。HTTP200 表示页面返回正常,例如图 5-33 中,总共返回 2400 次,每秒返回 72.727 次。

HTTP Responses Summary

HTTP Responses	Total	Per second
HTTP_200	2,400	72.727

图 5-33　HTTP 响应概要

然而,以上的数据看起来并不如图片直观。Analysis 提供了丰富的图供读者进行性能测试结果分析。可以通过 Session Explorer 窗口访问,如图 5-34 所示。

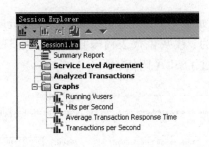

图 5-34　Session Explorer 窗口

Analysis 图种类繁多,主要可以利用以下 4 种图进行性能分析。

1) Running Vuser 图

Running Vuser 图(运行 Vuser 图),如图 5-35 所示,显示场景执行期间每秒运行的 Vuser 数目以及相应的状态,横轴显示的是场景从开始所用的时间,纵轴显示各个时间下对应的 Vuser 数目。

图 5-35 中可以看到,在进行测试的过程中,由于网络带有延迟,Vuser 数量增加或减少时并不是一口气提升或降低到预期值,而是有一个过程。

2) Average Transaction Response Time 图

Average Transaction Response Time 图(平均事务响应时间图),如图 5-36 所示,显示场景执行期间执行事务所使用的平均时间,是衡量系统性能走向的重要指标之一,此图横轴显示的是场景从开始所用的时间,纵轴显示各个事务的平均响应时间。该指标越小越好。

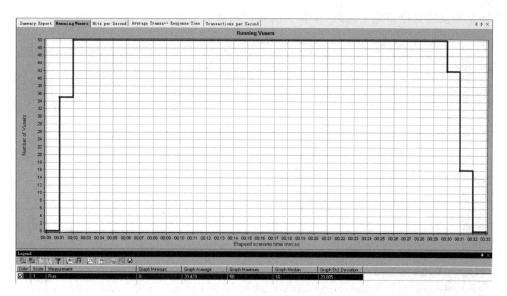

图 5-35　Running Vuser 图

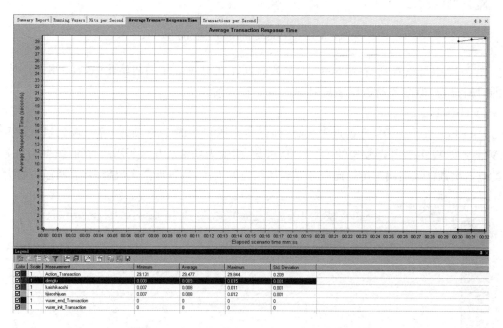

图 5-36　Average Transaction Response Time 图

从图 5-36 中可以看到,denglu 事务的最大时间为 0.015 秒,最小时间为 0.008 秒,平均时间为 0.009 秒。kaishikaoshi 事务的最大时间为 0.011 秒,最小时间为 0.007 秒,平均时间为 0.008 秒。tijiaoshijuan 事务的最大时间为 0.012 秒,最小时间为 0.007 秒,平均时间为 0.008 秒。三者的平均值均在 SLA 设定的范围段内。

3) Transaction Per Second 图(TPS,每秒事务)

Transaction Per Second 图(TPS,每秒事务),如图 5-37 所示,显示场景执行期间每秒各个事务通过、停止及失败的次数,是衡量系统性能以及业务处理能力的重要指标之一。TPS

图横轴是场景从开始所用的时间,纵轴为所执行的业务的数量。

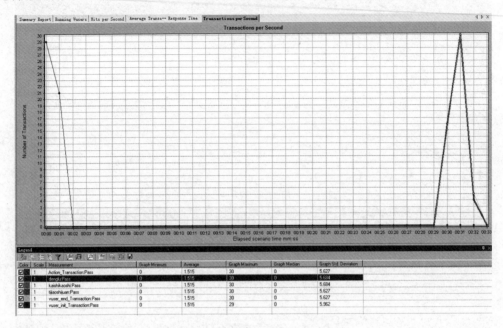

图 5-37　Transaction Per Second 图

图 5-37 中可以看到,在测试中,大多数时间花在对 Vuser 的初始化中,真正用来执行事务的时间很短,但服务器需要在短时间内承受较大的压力。

4) Hits Per Second 图

Hits Per Second 图(每秒点击次数,即点击率图),如图 5-38 所示,显示场景执行期间每秒 Vuser 向 Web 服务器发送的 HTTP 请求数,横轴为场景从开始所用的时间,纵轴为服务器上的点击次数。该图用于衡量向服务器施加压力的大小,每秒点击次数越多,表明压力越大。

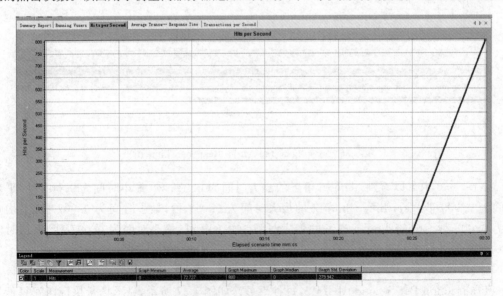

图 5-38　Hits Per Second 图

将 Hits Per Second 图与上面的 Transaction Per Second 图进行比较,得出的结论一致。事务量随着时间的增加而上下波动,伴随着每秒点击量的上下波动,服务器压力也随之增大与减小。

比较测试结论与预期目标,可以确认性能测试是否完全达到预期目标,系统整体承压能力如何,是否可以满足日常使用需要。

5.5.5　利用 LoadRunner 软件进行系统性能测试的实验

【实验目的】

利用性能测试软件 LoadRunner,进行 Web 系统的性能测试并编写报告。

【实验环境】

(1) WindowsXP,LoadRunner 性能测试工具。

(2) 被测系统:"在线考试系统"。

【实验重点及难点】

重点:掌握性能测试的测试方法,编写《性能测试报告》。

难点:利用性能测试的工具 LoadRunner,进行 Web 系统的性能测试。

【实验内容】

LoadRunner 是 HP 公司开发的一款测试系统性能的工具软件,通过模拟用户实施并发负载及实时性能监测的方式来确认系统性能指标。其优点是可以模拟成千上万的虚拟用户执行不同的业务流程,减少了人工成本,同时可以在推出软件之前发现隐藏在产品中的性能瓶颈,从而满足软件正常运行的性能需求。

"在线考试系统"包括"测试系统""考试系统"和"用户管理"三个子系统,可满足学校在线考试的需求。表 5-6 和表 5-7 分别列出了"在线考试系统"测试的服务器端运行环境和客户端运行环境。

表 5-6　服务器端运行环境

服 务 器		
硬件环境	CPU	P4 2.0GHz
	内存	2G
	网络连接	因特网 Internet
	网卡	100M 以太网卡
软件环境	操作系统	Microsoft Windows Server 2003 Enterprise Edition SP2

表 5-7　客户端运行环境

客 户 端		
硬件环境	CPU	Intel 1.80GHZ(含)以上
	内存	1G(含)以上并支持扩展
	网络连接	因特网 Internet 或局域网(Local Area Network,LAN)
	网卡	100M(或千兆)以太网卡
软件环境	操作系统	Microsoft Windows Server 2003 Enterprise Edition SP2 Microsoft Windows XP Professional SP3 Microsoft Windows 7 同时支持 IE7、IE8 浏览器访问

本实验运用 LoadRunner 对该系统进行性能测试,模拟真实运行环境,对系统的每秒事务处理能力、平均事务响应时间等参数进行测试,目的为测试此系统的实际运行能力,旨在提高用户使用体验。

【实验步骤】

(1) 配置性能测试的工具 LoadRunner。

(2) 制定性能测试计划。

(3) 用脚本录制工具进行性能测试的脚本录制。

(4) 使用 LoadRunner 进行 Web 网站的性能测试。

(5) 记录和分析性能测试结果。

(6) 进行该系统的性能分析,撰写《性能测试报告》。

【实验指导】

1. 性能测试计划的制定

针对项目背景、性能测试范围及本软件实际运行情况,对于在线考试系统进行如下分析。

(1) 主要产生压力的角色: 学生、教师。

(2) 主要产生压力的功能: 登录、参加考试、提交答卷。

(3) 每年 4 月-7 月、9 月-12 月为系统使用频繁期(学生在校期间)。

在此,针对"登录、参加考试及提交答卷"进行性能测试用例提取与设计,如表 5-8、表 5-9 和表 5-10 所示。

表 5-8　性能测试用例 1

用例 ID	1		
业务名称	用户登录		
URL	http://192.168.86.128:8080/JES		
权重	高		
前置条件	无		
测试步骤	(1) 打开首页 http://192.168.86.128:8080/JES (2) 输入用户名/姓名、密码/准考证号、验证码,选择进入测试系统还是考试系统 (3) 单击"登录"按钮,进入系统		
脚本设置			
参数设置	参数需求	参数类型	取值方式
	"用户名/姓名"参数化	每次迭代中更新	唯一
	密码/准考证号	每次迭代中更新	同用户名保持匹配
	验证码	每次迭代中更新	随机取值
事务设置	事务名称	起始位置	结束位置
	Denglu	输入各字段后,单击"登录"按钮前	单击"登录"按钮后,进入系统
场景设置			
场景类型	(1) 50 个用户,所有用户同时并发操作 (2) 100 个用户,所有用户同时并发操作 (3) 300 个用户,每 10 秒增加 50 个用户		
期望结果			

编号	测试项	平均事务响应时间	90%响应时间	事务成功率	CPU 使用率	内存占用率
1	登录	≤3s	≤3s	>90%	≤70	≤75

表 5-9　性能测试用例 2

用例 ID	2		
业务名称	用户参加考试		
URL	http://192.168.86.128:8080/JES		
权重	高		
前置条件	无		
测试步骤	(1) 用户登录时选择考试系统,进入考试系统 (2) 选择考试信息,单击"开始考试"按钮		
脚本设置			
参数设置	参数需求	参数类型	取值方式
	无	无	无
事务设置	事务名称	起始位置	结束位置
	Canjiakaoshi	登录后,单击"开始考试"按钮前	单击"开始考试"按钮后
场景设置			
场景类型	(1) 50 个用户,所有用户同时并发操作 (2) 100 个用户,所有用户同时并发操作 (3) 300 个用户,每 10 秒增加 50 个用户		
期望结果			

编号	测试项	平均事务响应时间	90% 响应时间	事务成功率	CPU 使用率	内存占用率
1	参加考试	≤3s	≤3s	>90%	≤70	≤75

表 5-10　性能测试用例 3

用例 ID	3		
业务名称	用户提交试卷		
URL	http://192.168.86.128:8080/JES		
权重	高		
前置条件	无		
测试步骤	(1) 用户完成考卷后,检查无误,单击"完成全部题目,马上交卷"按钮 (2) 弹出"提交试卷成功"按钮,系统自动退回至考试系统页面		
脚本设置			
参数设置	参数需求	参数类型	取值方式
	无	无	无
事务设置	事务名称	起始位置	结束位置
	Tijiaoshijuan	完成题目后,单击"完成全部题目,马上交卷"按钮前	单击"完成全部题目,马上交卷"按钮后
场景设置			
场景类型	(1) 50 个用户,所有用户同时并发操作 (2) 100 个用户,所有用户同时并发操作 (3) 300 个用户,每 10 秒增加 50 个用户		
期望结果			

编号	测试项	平均事务响应时间	90% 响应时间	事务成功率	Cpu 使用率	内存占用率
1	提交试卷	≤3s	≤3s	>90%	≤70	≤75

2．创建测试脚本

（1）打开 LoadRunner 组件之一 Vugen，启动虚拟用户生成器，如图 5-39 所示，开始测试脚本录制工作。

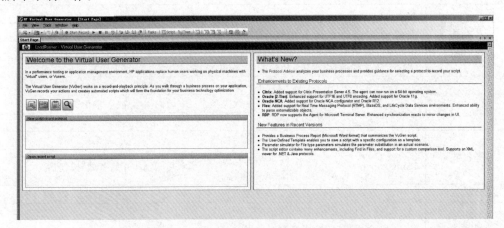

图 5-39　VuGen 初始页面

（2）单击 File|New 命令，创建脚本，由于测试对象"在线考试系统"是一个 Web 应用程序，故此处选择 Web(HTTP/HTML)协议，如图 5-40 所示。

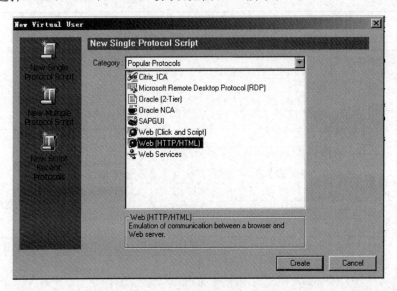

图 5-40　VuGen"协议选择"对话框

（3）选择了正确的协议后，单击 Create 按钮，将显示录制对话框，在对话框中输入系统 URL Address(http://192.168.86.128:8080/JES/)，单击 OK 按钮，进入录制画面，如图 5-41 所示。

此时页面上显示一个录制工具条，如图 5-42 所示。

这里引入事务的概念。事务是一系列操作的集合，在"一系列操作"之前与之后设定事

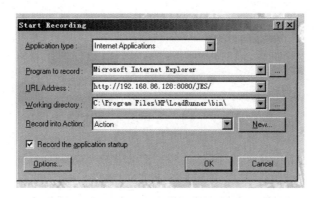

图 5-41 "开始录制"对话框

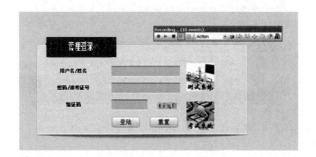

图 5-42 初始录制页面

务开始与结束,从而将"一系列操作"封装为一个整体,即事务。"插入事务"的作用及优势主要体现在能够对事务进行单独分析,更便于查看"一系列操作"的响应时间指标。

(4) 单击"开始事务"按钮添加一个新事务"登录",输入名称为 denglu,如图 5-43所示。

图 5-43 插入 denglu 事务起点页面

(5) 此时输入预设好的用户名、密码(123456)和验证码,并选择"考试系统",单击"登录"按钮,如图 5-44 所示。

(6) 登录完成后,单击"结束事务"按钮,结束录制"denglu"事务,如图 5-45 所示。

(7) 继续录制,此时已经进入考试系统,可以看到现在有可以参加的考试,如图 5-46所示。

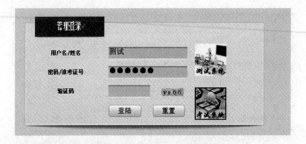

图 5-44　登录页面的输入

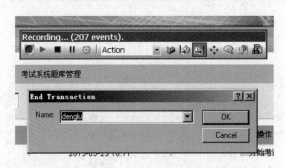

图 5-45　插入"denglu"事务终点页面

图 5-46　考试系统初始页面

（8）单击"开始事务"按钮，进行第二个事务"开始考试"的录制，取名为 kaishikaoshi，如图 5-47 所示。

图 5-47　插入 kaishikaoshi 事务起点页面

（9）插入起点完成后，单击"开始考试"按钮，进入考试页面，如图 5-48 所示。

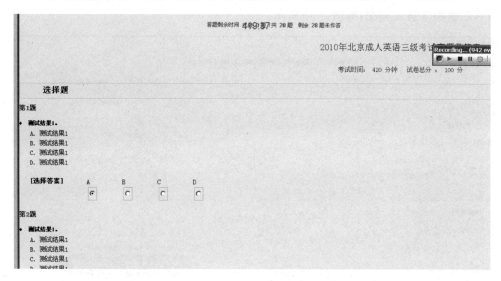

图 5-48 考试页面

（10）此时再单击"结束事务"按钮 ，结束第二个事务的录制，如图 5-49 所示。

图 5-49 插入 kaishikaoshi 事务终点页面

（11）继续录制第三个事务"提交试卷"，取名为 tijiaoshijuan，如图 5-50 所示。

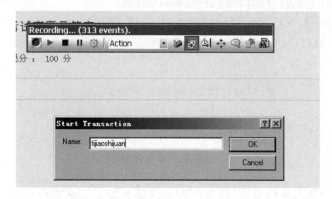

图 5-50 插入 kaishikaoshi 事务起点页面

（12）插入起点后，可以开始进行考试，为模拟真实环境，设置10道选择题、5道填空题、10道判断题和3道简答题，如图5-51所示。

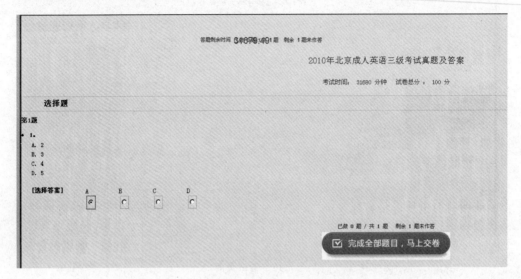

图 5-51　提交试卷页面

（13）完成试卷，并单击"完成全部题目，马上交卷"按钮。

（14）此时会弹出"提交试卷成功"提示框，单击"确定"按钮，结束事务的录制，如图5-52所示。

图 5-52　提交试卷成功提示

至此，一个包含3个事务的脚本就已经录制完毕了。

（15）单击工具条上的方块按键，结束脚本的录制。

此时，可以观察到，在已经录制好的脚本中，出现了"lr_start_transaction()"和"lr_end_transaction(,LR_AUTO)"的字样，如图5-53所示，这两行语句为事务函数，标明了事务的起点与终点。

```
lr_start_transaction("denglu");

lr_end_transaction("denglu",LR_AUTO);
```

图 5-53　事务函数

（16）在全部录制工作结束后，还要单击工具条上的 ▶ 按钮进行回放，并在回放日志中寻找有无 Bug，如回放日志正常，证明脚本录制无误，如图5-54所示。

图 5-54　日志

3. 测试场景创建与执行

结束录制之后,需要使用 Controller 对脚本进行场景的创建与运行。Controller 即压力调度和监控中心,它依据 VuGen 提供的脚本模拟出用户的真实业务场景,收集整理场景运行时的测试数据。

(1) 在 VuGen 中,选择 Tools|Create Controller Scenario,启动 Controller,如图 5-55 所示。

图 5-55　Controller

(2) 启动后进入"创建场景"对话框,选择 Manual Scenario(手动场景),手动场景可以自定义脚本、Vuser 数量等参数,如图 5-56 所示。测试计划中,Vuser 数量范围为 50～300人,在此设定 Vuser 数量为 300。

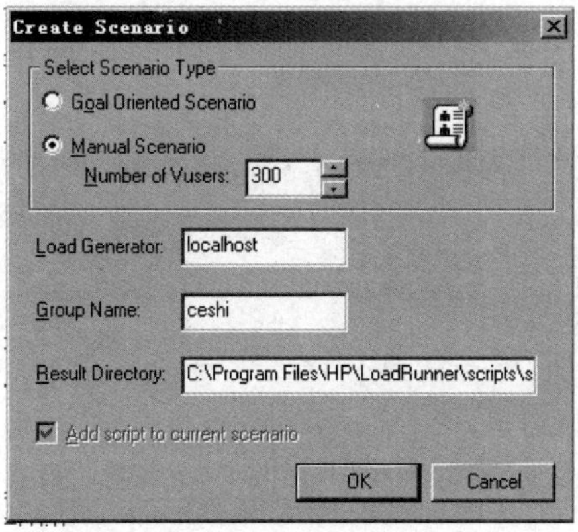

图 5-56　"创建场景"对话框

（3）单击 OK 按钮后进入 LoadRunner Controller 页面，如图 5-57 所示。

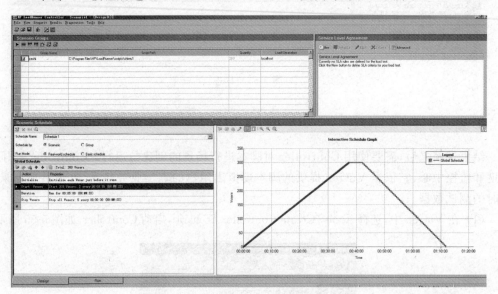

图 5-57　Loadrunner Controller 窗口

（4）进入左下角 Global Schedule 区域，对场景进行配置。首先单击左下角的 Initialize（初始化）项，选择第一项，同时初始化所有 Vuser，其好处为便于所有 Vuser 同时开始场景，如图 5-58 所示。

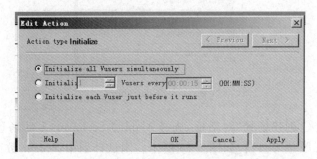

图 5-58　初始化

接下来设置加压方式，单击 Start Vuser(启动 Vuser)项，进入对话框，在此设置启动的 Vuser 数量为 50 个，如图 5-59 所示。

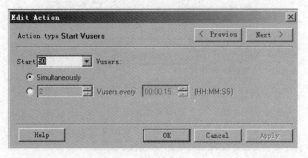

图 5-59　设置加压方式

设置 Vuser 持续执行时间,单击 Duration(持续时间)项,进入设置框,为了模拟真实运行环境,设置持续运行直到完成,如图 5-60 所示。

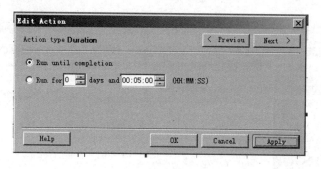

图 5-60 设置持续时间

在设置完成后,如图 5-61 所示,设置栏右边的场景设计图会相应地显示所设置的详细设计。

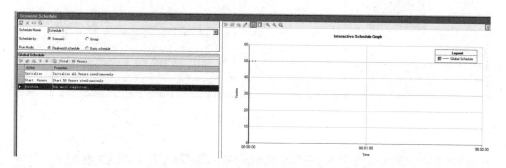

图 5-61 设置结束后场景设计图

(5)为了了解平均事务响应时间,开启服务器水平协议窗口(Service Level Agreement,SLA)。传统上,SLA 包含了对服务有效性的保障,譬如对故障解决时间、服务超时等的保证。场景中,Controller 将搜集并储存与该测量目标相关的数据,之后在 Analysis 中将搜集到的性能数据与事先设定的目标进行比较,最终确定该指标的 SLA 状态是否通过,便于测试结果的分析。

(6)单击左上角 New 按钮,打开 SLA 设置窗口,选择"通过时间线中的时间间隔确定 SLA 状态"及分支选项"平均事务响应时间",如图 5-62 所示。

(7)单击 Next 按钮后,选择待度量的"denglu""kaishikaoshi"和"tijiaoshijuan"这 3 个事务到 Selected Transaction 中,如图 5-63 所示。

(8)单击 Next 按钮后,设定负载区间,由于人数较少,只设定负载区间为小于 50 人以内,如图 5-64 所示。

(9)单击 Next 按钮,进入"Service Level Agreement-Goal Definition"界面,进行负载设置。在 SLA 目标定义的时候,允许针对不同的负载数量区间设定不同的负载阈值。按照前文负载区间设置,设置待测事务的目标阈值全部为 3 秒,如图 5-65 所示。

(10)设定完成后,回到 Controller 中,单击右方"启动场景" Start Scenario 按钮进行测试。测试过程中,下方的 4 张数据图会动态更新,如图 5-66 所示。

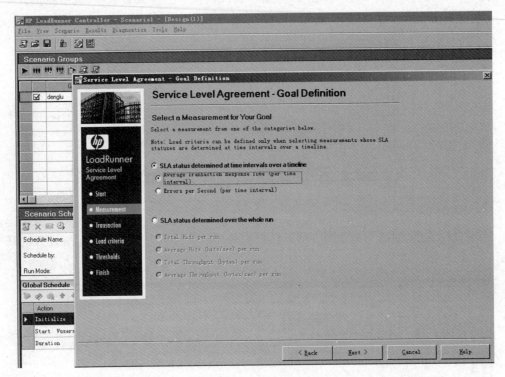

图 5-62　SLA 设置窗口

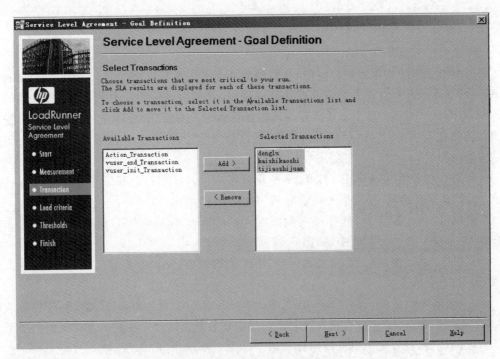

图 5-63　选择待度量的事务

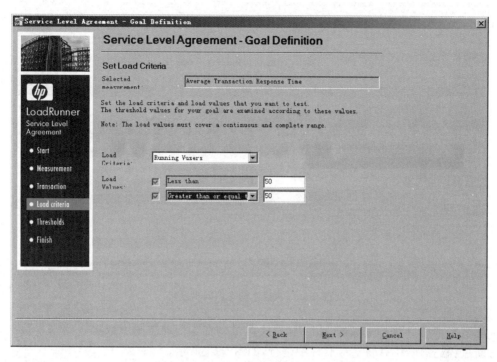

图 5-64 设定负载区间

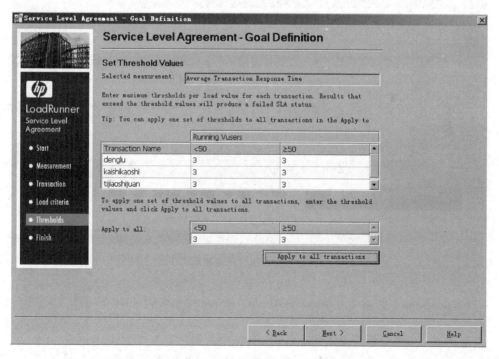

图 5-65 设置待测事务的目标阈值

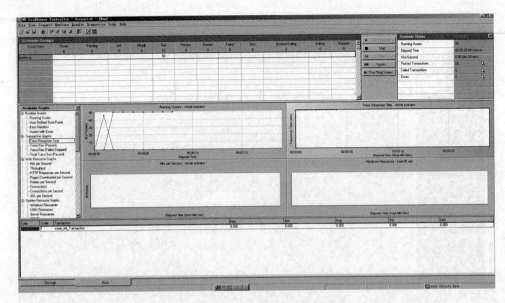

图 5-66　测试中动态图同步更新

测试完毕后，4 张图也随着停止更新，此时可以在 4 张动态图中取得一些基本信息，但是分析过程还需要在 Analysis 软件中进行，如图 5-67 所示。

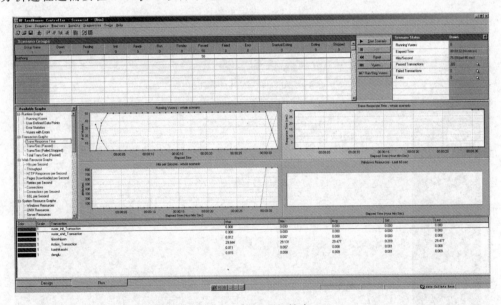

图 5-67　测试过程结束

4. 性能测试结果分析

性能测试结果的分析需要用到 LoadRunner 中的第三个工具——Analysis。

Analysis 是压力结果分析工具，是性能测试结果分析的有效手段，它汇总了 Controller 收集的各类结果分析图，包括 Load Generator、应用服务器等系统资源使用情况及事务响应时间、吞吐量、点击率及网页细分图等。它还可以自动生成分析概要报告、SLA 报告及事务分析报告等各类报告。

Analysis 支持多种启动方式，在 Controller 工作栏中单击 [图标] 直接启动 Analysis，如图 5-68 所示。

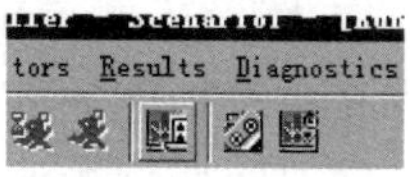

启动后即进入 Analysis 结果分析窗口。可以看到程序已经自动生成了一份测试概要报告，如图 5-69 所示。

图 5-68　Controller 工作栏

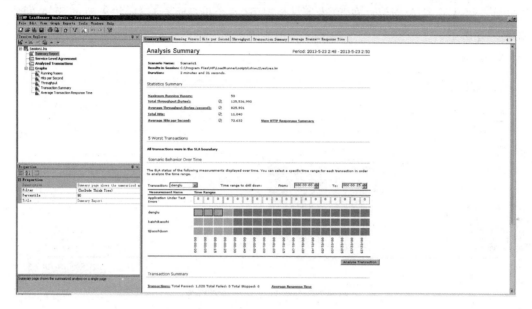

图 5-69　Analysis 概要报告窗口

一份概要报告由几个部分组成，各部分说明如下。

（1）概要整体信息。主要为待分析的场景的一些基本信息，包括运行时刻、场景持续时间等，如图 5-70 所示。

Analysis Summary

Period: 2013-4-11 23:18 - 2013-4-11 23:20

Scenario Name: C:\Program Files\HP\LoadRunner\scenario\Scenario1.lrs
Results in Session: C:\Documents and Settings\Administrator\Local Settings\Temp\res\res.lrr
Duration: 2 minutes and 17 seconds.

图 5-70　概要整体信息

（2）统计信息概要。可以看到最大用户数为 50 人，总吞吐量为 27 495 950B，平均吞吐量为 833 211B，总点击数为 2400 次，平均每秒点击数为 72.727 次，如图 5-71 所示。

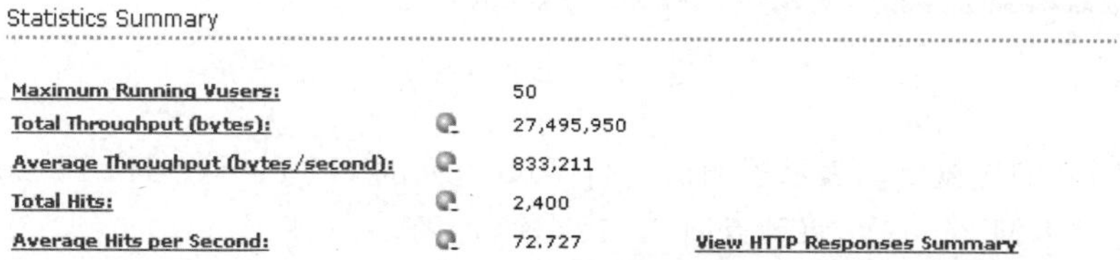

图 5-71　统计信息概要

5 个执行情况最差的场景,图中会显示针对"事务超出 SLA 阈值的比例及超出比率的幅度"而言执行最差的事务。由于 50 人测试中所有事务均在 SLA 阈值内,所以此项现在没有特殊显示,如图 5-72 所示。

5 Worst Transactions

All transactions were in the SLA boundary

图 5-72　执行情况最差的事务

随时间变化的场景行为,可以看到场景运行期间不同时间间隔内各个事务的执行情况,色块的含义为:浅灰色代表尚未自定义相关 SLA,深灰色代表事务未超过 SLA 阈值,黑色代表事务超过了 SLA 阈值。在 50 人测试情况下,各个事务运行良好,均未超过 SLA 阈值,如图 5-73 所示。

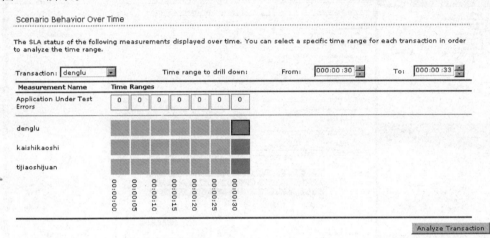

图 5-73　随时间变化的场景行为

(3) 事务概要。用于查看各个事务的 SLA 状态及响应时间等相关信息,例如,最小值、平均值、最大值、标准方差、90% 阈值、通过事务数、失败事务数及停止的事务数。

在 50 个虚拟用户的前提下,登录、开始考试、提交试卷 3 个事务的平均响应时间都在 0.008~0.009 秒之间,远低于预设的 3 秒,如图 5-74 所示。

Transaction Summary

Transactions: Total Passed: 300 Total Failed: 0 Total Stopped: 0　**Average Response Time**

Transaction Name	SLA Status	Minimum	Average	Maximum	Std. Deviation	90 Percent	Pass	Fail	Stop
Action Transaction		29.131	29.477	29.844	0.209	29.754	50	0	0
denglu		0.008	0.009	0.015	0.001	0.015	50	0	0
kaishikaoshi		0.007	0.008	0.011	0.001	0.01	50	0	0
tijiaoshijuan		0.007	0.008	0.012	0.001	0.01	50	0	0
vuser end Transaction		0	0	0	0	0	50	0	0
vuser init Transaction		0	0	0	0	0	50	0	0

Service Level Agreement Legend:　● Pass　● Fail　● No Data

图 5-74　事务概要

(4) HTTP 响应概要。表示了测试期间 Web 返回的 HTTP 码。HTTP 200 表示页面返回正常,总共返回 2400 次,每秒返回 72.727 次,如图 5-75 所示。

然而,以上的数据看起来并不如图片直观。Analysis 提供了丰富的图来进行性能测试结果分析。可以通过 Session Explorer 窗口访问,如图 5-76 所示。

HTTP Responses Summary

HTTP Responses	Total	Per second
HTTP_200	2,400	72.727

图 5-75 HTTP 响应概要

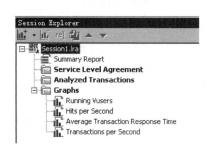

图 5-76 Session Explorer 窗口

由于 Analysis 图种类繁多,本书主要从以下 4 种图入手对"在线考试系统"的性能进行分析。

1) Running Vuser 图

Running Vuser 图(运行 Vuser 图)显示场景执行期间每秒运行的 Vuser 数目以及相应的状态,横轴显示的是场景从开始所用的时间,纵轴显示各个时间下对应的 Vuser 数目。

如图 5-77 所示,在进行 50 人测试的过程中,由于网络带有延迟,Vuser 数量增加或减少时并不是一口气提升或降低到预期值,而是有一个过程。

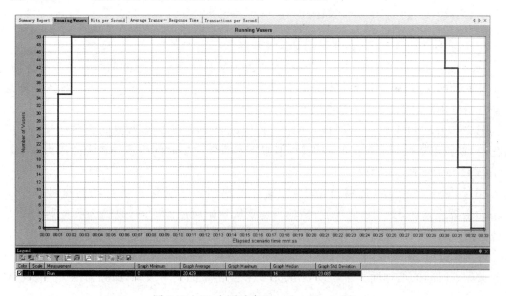

图 5-77 50 人测试中 Running Vuser 图

2) Avreage Transaction Response Time 图

Avreage Transaction Response Time 图(平均事务响应时间图)显示场景执行期间每秒执行事务所使用的平均时间,是衡量系统性能走向的重要指标之一,此图横轴显示的是场景从开始所用的时间,纵轴显示各个事务的平均响应时间。该指标越小越好。

如图 5-78 所示,denglu 事务的最大时间为 0.015 秒,最小时间为 0.008 秒,平均时间为 0.009 秒;kaishikaoshi 事务的最大时间为 0.011 秒,最小时间为 0.007 秒,平均时间为 0.008 秒;tijiaoshijuan 事务的最大时间为 0.012 秒,最小时间为 0.007 秒,平均时间为 0.008 秒。三者的平均值均在 SLA 设定的范围段内。

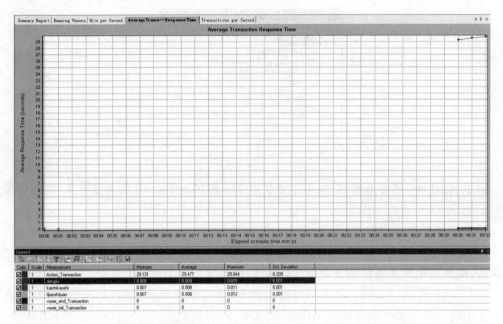

图 5-78　50 人测试中 Avreage Transaction Response Time 图

3) Transaction Per Second 图(TPS,每秒事务)

Transaction Per Second 图(TPS,每秒事务图),显示场景执行期间每秒各个事务通过、停止及失败的次数,是衡量系统性能以及业务处理能力的重要指标之一。TPS 图横轴是场景从开始所用的时间,纵轴为所执行的业务的数量。

图 5-79 中可以看到,在 50 个 Vuser 进行测试的情况下,大多数时间花在对 Vuser 的初始化中,真正用来执行事务的时间很短,但服务器需要在短时间内承受较大的压力。

4) Hits Per Second 图

Hits Per Second 图(每秒点击次数,即点击率图),显示场景执行期间每秒 Vuser 向 Web 服务器发送的 HTTP 请求数,横轴为场景从开始所用的时间,纵轴为服务器上的点击次数。图 5-80 用于衡量向服务器施加压力的大小,每秒点击次数越多,表明压力越大。

将 Hits Per Second 图与上面的 Transaction Per Second 图进行比较,得出的结论一致。事务量随着时间的增加而上下波动,伴随着每秒点击量的上下波动,服务器压力也随之增大与减小。

比较测试结论与预期目标,50 人测试完全达到预期目标。

接下来进行 100 人测试。

进入左下角 Global Schedule 对场景进行配置,修改 Vuser 数量为 100 人,其余数据不变,如图 5-81 所示。

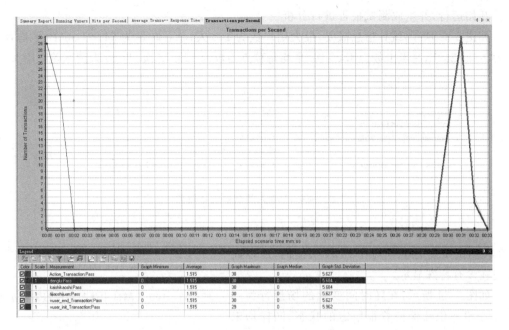

图 5-79　50 人测试中 Transaction Per Second 图

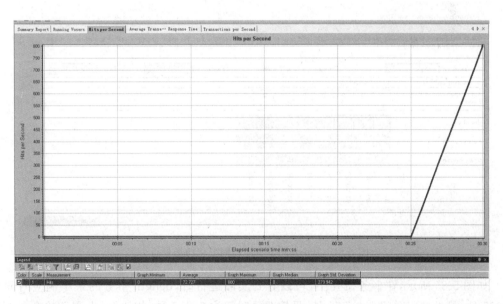

图 5-80　50 人测试中 Hits Per Second 图

图 5-81　进入 Global Schedule 修改 Vuser 数量

开始运行,并生成测试报告进行分析。

如图 5-82 所示,统计信息概要,最大用户数为 100 人,总吞吐量为 54 991 900B,平均吞吐量为 1 486 268B,总点击数为 4800 次,平均每秒点击数为 129.73 次,与 50 人测试差距不大。

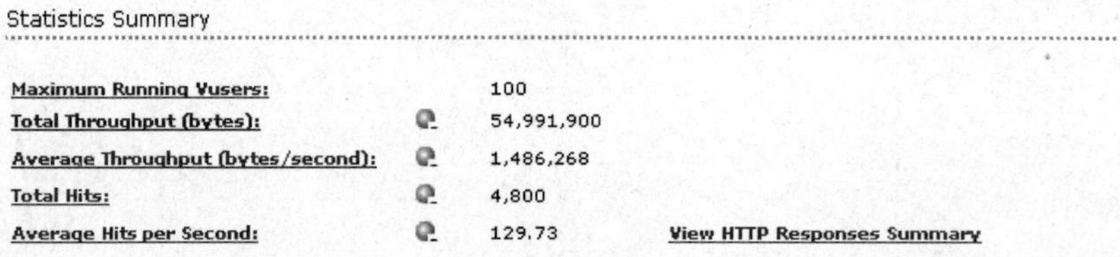

图 5-82　100 人测试中统计概要

如图 5-83 所示,5 个执行情况最差的场景,100 人测试中所有事务均在 SLA 阈值内,所以此项现在没有特殊显示。

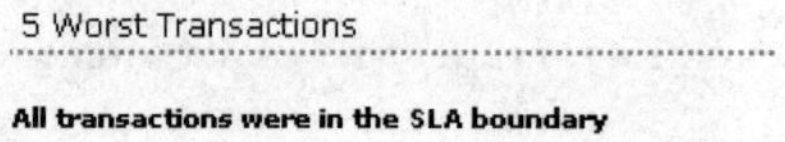

如图 5-84 所示,在随时间变化的场景行为图中,3 个事务依然保持着很稳定的状态,同样均未超过 SLA 阈值。

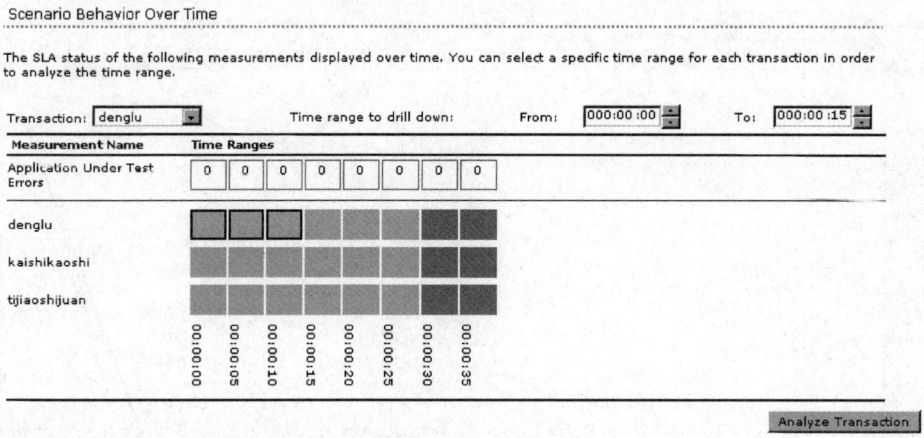

图 5-83　100 人测试中执行情况最差的事务

图 5-84　100 人测试中随时间变化的场景行为

如图 5-85 所示,在事务概要中,可以看到实际运行时,denglu 事务的最小响应时间为 0.008 秒,最大响应时间为 0.775 秒,平均登录时间为 0.017 秒,相比 50 人测试的有了一定的波动,但仍然距离设置的 SLA 阈值很远。kaishikaoshi 与 tijiaoshiwu 两个事务的情况也依然很稳定。

如图 5-86 所示,在 Running Vuser 图中,可以看到运行时 Vuser 基本符合预期的设定情况,虽然有一定的网络延迟,但是 Vuser 还是在比较短的时间内同时开始执行和同时退出执行。

如图 5-87 所示,Avreage Transaction Response Time 图与 50 人测试中的 Avreage Transaction Response Time 图几乎没有任何区别,代表了系统具有良好的承压能力。

Transaction Summary

Transactions: Total Passed: 600 Total Failed: 0 Total Stopped: 0   **Average Response Time**

Transaction Name	SLA Status	Minimum	Average	Maximum	Std. Deviation	90 Percent	Pass	Fail	Stop
Action Transaction		29.116	30.261	32.416	0.621	30.759	100	0	0
denglu		0.008	0.017	0.775	0.076	0.019	100	0	0
kaishikaoshi		0.006	0.009	0.114	0.011	0.01	100	0	0
tijiaoshijuan		0.007	0.016	0.804	0.079	0.017	100	0	0
vuser end Transaction		0	0	0	0	0	100	0	0
vuser init Transaction		0	0	0	0	0	100	0	0

Service Level Agreement Legend: Pass   Fail   No Data

图 5-85　100 人测试中的测试概要图

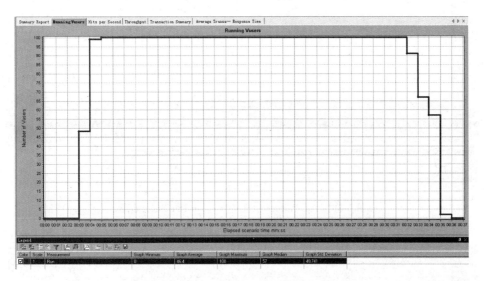

图 5-86　100 人测试中 Running Vuser 图

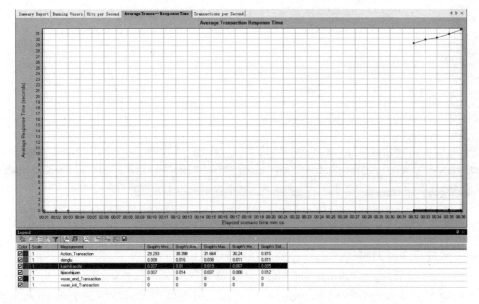

图 5-87　100 人测试中 Avreage Transaction Response Time 图

如图 5-88 和图 5-89 所示，Transaction Per Second 图与 Hits Per Second 图波形均与前面 50 人测试中波形相仿，但是 100 人测试对于系统造成的压力大约是 50 人测试的两倍，符合测试预期结果。

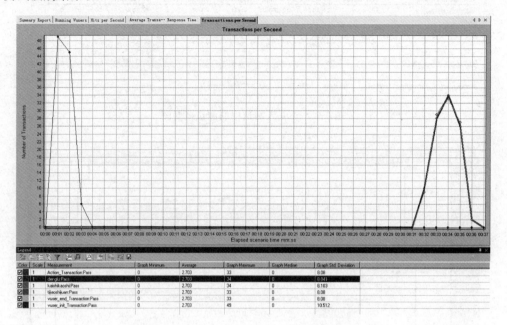

图 5-88　100 人测试中 Transaction Per Second 图

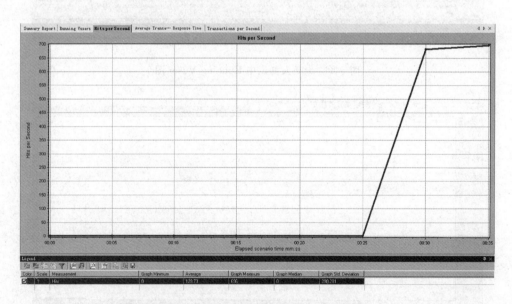

图 5-89　100 人测试中 Hits Per Second 图

接下来进行 300 人测试。

如图 5-90 所示，进入 Global Schedule 对场景进行配置，修改 Vuser 数量为 300 人，同时改变启动 Vuser 方式为每 10 秒启动 50 个 Vuser，改变结束 Vuser 方式为每 10 秒退出 50 个 Vuser。

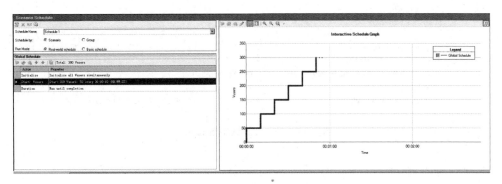

图 5-90　进入 Global Schedule 修改初始条件

如图 5-91 所示，为使测试更加符合实际情况，改变 SLA 阈值区间，将区间重新划分为 3 个，即小于 50 人、50 人至 150 人、大于 150 人。

图 5-91　重新划分 SLA 阈值区间

如图 5-92 所示，设置 SLA 阈值，低于 50 人的情况下响应时间阈值为 3 秒，人数在 50～150 之间的情况下响应时间阈值为 4 秒，超过 150 人的情况下响应时间阈值为 5 秒。

Transaction Name	Running Vusers		
	<50	≥50 and <150	≥150
denglu	3	4	5
kaishikaoshi	3	4	5
tijiaoshijuan	3	4	5

To apply one set of threshold values to all transactions, enter the threshold values and click Apply to all transactions.

Apply to all:	<50	≥50 and <150	≥150
	3	4	5

Apply to all transactions

图 5-92　重新设置 SLA 阈值

设置好后，运行测试并进行报告分析。

如图 5-93 所示，统计信息概要，由于设置结束方式为 Vuser 一旦结束事务立刻退出，所以此时最大用户数并不是 300 人，而是实际运行情况中的 151 人。总吞吐量为 164 977 766B，平均吞吐量为 1 812 942B，总点击数为 14 400 次，平均每秒点击数为 158.242 次。虽然测试总人数增大了，但是由于测试过程中不断地有旧的 Vuser 退出和新的 Vuser 加入，因此每秒点击率相比 100 人而言并没有特别大的变化。

如图 5-94 所示，在随时间变化的场景行为图中，由于人数的增加，运行时间增长到了 1 分 25 秒，但是响应时间依然在 SLA 阈值内。

图 5-93　300 人测试中统计概要

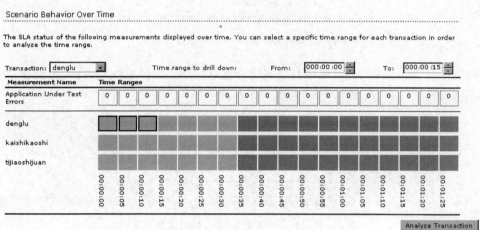

图 5-94　300 人测试中随时间变化的场景行为

如图 5-95 所示,在事务概要中,实际运行时,denglu、kaishikaoshi 与 tijiaoshiwu 三个事务的情况相较 100 人的变化不大。

Transaction Summary

Transactions: Total Passed: 1,800 Total Failed: 0 Total Stopped: 0　　**Average Response Time**

Transaction Name	SLA Status	Minimum	Average	Maximum	Std. Deviation	90 Percent	Pass	Fail	Stop
Action Transaction		29.237	30.289	31.657	0.586	31.147	300	0	0
denglu		0.007	0.012	0.267	0.021	0.019	300	0	0
kaishikaoshi		0.006	0.009	0.218	0.017	0.01	300	0	0
tijiaoshijuan		0.007	0.013	1.031	0.06	0.017	300	0	0
vuser_end_Transaction		0	0	0	0	0	300	0	0
vuser_init_Transaction		0	0	0.004	0	0.004	300	0	0

Service Level Agreement Legend:　　Pass　　Fail　　No Data

图 5-95　300 人测试中事务概要

Vuser 图可以较好地反映出 300 人测试的实际运行情况:从运行第 5 秒开始,每 10 秒增加 50 个 Vuser,但是在 35 秒时,虽然增加了 50 个 Vuser,但是由于最初的 50 个 Vuser 已经完成事务,退出运行,因此出现了短暂的 Vuser 数量波动,也使得 Vuser 最大值不再上升而保持在 150 人。后面再次经过两个这样的过程,最终 300 人测试完毕,依次退出运行,如图 5-96 所示。

Avreage Transaction Response Time 图中,虽然运行时间延长了,但是平均响应时间依然保持稳定,如图 5-97 所示。

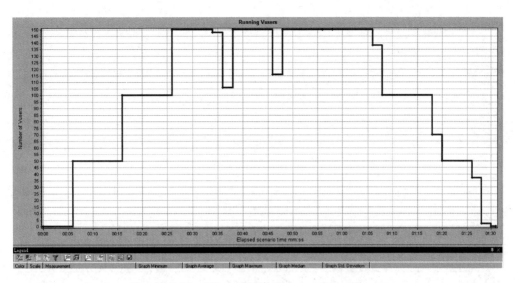

图 5-96　300 人测试中 Running Vuser 图

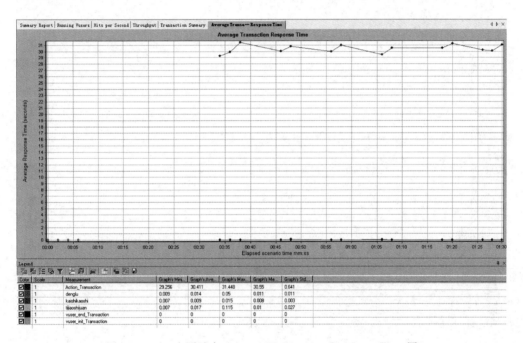

图 5-97　300 人测试中 Avreage Transaction Response Time 图

Transaction Per Second 图与 Hits Per Second 图中，比较 50 人测试与 100 人测试，更体现出了实际运行情况：不断的有 Vuser 进入，完成一批后退出，再进行下一批 Vuser 的运行。系统整体承压能力非常好，可以满足日常使用需要，如图 5-98 和图 5-99 所示。

根据以上的性能测试结果分析，得出以下的性能测试结论：

在性能测试全过程中，严格按照性能测试的方法和定义，首先对系统进行分析，确定系统的压力点，进行性能测试的计划制定，接着进行脚本的录制、合理设置 SLA 阈值，然后使用不同数量的 Vuser 对系统进行测试，最后对测试得出的结果进行合理的分析。

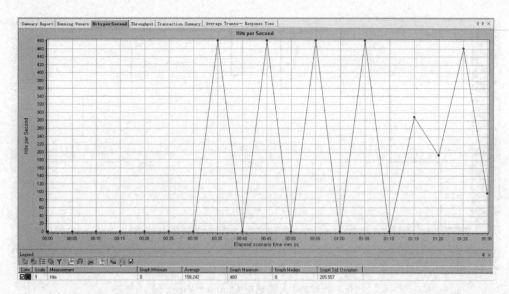

图 5-98   300 人测试中 Hits Per Second 图

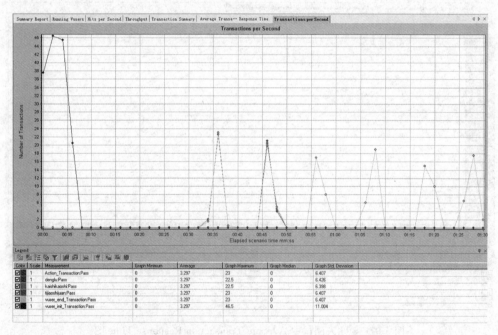

图 5-99   300 人测试中 Transaction Per Second 图

在多次的系统测试中,"在线考试系统"均可以在一个稳定的环境下运行,可以满足 300 人同时进入系统参加考试的条件,具有较强的抗压能力与系统稳定性。

附录 A

管理信息系统单元测试共通点检查表

表 A-1 管理信息系统单元测试共通点检查表

检查项目	检查内容	检查是否通过	检查人	检查日期
一览列表显示	没有检索到数据时，页面显示正确吗？			
	检索结果只有 1 行数据时，页面显示正确吗？			
	检索结果有 10 行数据时，页面显示正确吗？			
	一览列表中横、纵滚动条的显示正确吗？（测试顺序为：无滚动条→有滚动条→无滚动条）			
	一览列表中没有重复数据吧？			
	一览列表中数据的排序正确吗？			
	选择一览列表中 10 行以上的某行数据，修正/删除操作正确吗？			
	数据录入/修正/删除操作后，一览列表的显示正确吗？			
	一览列表中的数据全部被删除的场合，一览列表的显示正确吗？			
	一览列表中各列的值为最小数据时，显示正确吗？（没有显示"NULL"的现象）			
	一览列表中各列的值为最大数据时，显示正确吗？（没有显示字符串被切断的现象）			
	一览列表中每行之间的颜色变化显示正确吗？（白灰相间）			
页面布局	页面状态控制是否和设计书一致？			
	页面按钮上文字内容、文字大小和文字颜色是否正确？			
	鼠标放在页面按钮上显示出按钮的名称是否正确？			
	页面的 Head 部和 Footer 部显示正确吗？			
	页面中各控件的位置是否对齐？宽度和高度是否合适？			
	TAB 顺序是否正确？（通常按下 Tab 键是从上到下，从左到右）			
	页面中没有出现乱码吧？			
	页面中日期的显示形式正确吗？			
	页面中下拉框的显示内容和顺序正确吗？是否应该有空白项目？			
	页面中横、纵滚动条的显示正确吗？			
	页面中有无多余的控件或显示项目？			
	页面关闭后，再次打开时，各个项目的显示内容还正确吗？			
	页面的标题名称、字体大小、颜色、对齐方式是否正确？			
	页面上的 Radio 项是否设定初期值？			
	页面的一览列表中，各数值类型的显示项的单位是否明确，显示位置是否按照设计书设定？			
	按钮不可用时是否为不显示？			
	按钮不显示时是否位置保留？			

检查项目	检查内容	检查是否通过	检查人	检查日期
输入项目检查	根据设计书,是否所有的检查都进行了,没有遗漏?			
	检查顺序是否正确?			
	特殊值的检查:0、NULL、空格等是否进行?			
	输入框的初始输入法是否正确?			
	关联输入项目是否检查?			
	未输入的场合,检查正确吗?			
	只输入空格,做 Trim()处理了吗?(通常当作未输入)			
	最大位输入时,检查正确吗?(使用中文全角)			
	边界值和异常值的处理正确吗?(例如,只能输入 10~20,那么 9、10、11、19、20、21 是否处理正确?)			
	特殊字符输入的场合,处理正确吗?(例如,&、<、>、@、%、空格等)			
	输入的限制及检查正确吗?(例如,只能输入数字、英文数字、半角、全角)			
	输入错误后,输入内容保留了吗?(通常应该是保留的)			
	必须输入项目+任意项目输入,数据是否能够正确的保存?			
	必须输入项目+任意项目输入后,数据的输入内容是否正确显示?			
	输入项目的位数、属性等是否都经过了确认?			
	数值输入项目中,输入 0、负数、小数、显示和检查正确吗?			
	对于日期项目,各种形式的日期输入后,显示和检查正确吗?(例如,2008/4/1、2008/04/01、20080401 等)			
	是否有多余的不必要的检查?			
错误消息	错误消息的 ID 是否正确,内容是否完整正确?字体、颜色、大小、显示位置是否正确?			
数据库操作	DB 的检索结果无数据时是否检查?			
	DB 的检索结果异常时是否检查?			
	DB 更新时,没有值的字段是否用 NULL 更新(不许使用空串初始化字段或给字段赋值)?			
	数据库限定必须输入的字段是否在程序中进行了检查?			
	DB 异常是否进行了写日志处理?			
	DB 的更新结果异常场合是否检查(排它处理、重复数据)?			
	更新页面上可以空白输入项目时,更新内容是否与设计书一致?			
	DB 更新时,全部字段中,是否存在全半角空格(空格长度为字段的最大长度)保存的字段?			
	异常处理后的处理是否检查?(释放内存、DB 的数据 ROLLBACK 等)			
	是否考虑了数据库连接个数超常?			
	追加数据的场合,库表中的各项目的值在最小数据的场合,DB 更新正确吗?			

续表

检查项目	检 查 内 容	检查是否通过	检查人	检查日期
数据库操作	追加的场合,库表中的各项目的值在最大数据的场合,DB 更新正确吗?			
	追加的场合,主键重复的场合,是否报错?			
	修正的场合,库表中的各项目的值在最小数据的场合,DB 更新正确吗?			
	修正的场合,库表中的各项目的值在最大数据的场合,DB 更新正确吗?			
	库表中每个字段的更新值的正确性都确认了吗?			
	追加/修正/删除的场合,排他处理正常吗? 排他值正确吗?			
	排他处理、DB 更新是否进行了异常处理?			
	事务处理失败的场合,有回滚处理吗?			
	库表中有作成者、作成日、最终更新者、最终更新日的场合,是否按照设计进行了正确的操作?			
	DB 中日期的更新正确吗?			
	数据被删除后,检索、追加、修正等功能还正常吗?			
	2 个以上用户同时进行检索操作时,检索结果正确吗?			
	2 个以上用户同时进行更新操作时,更新结果正确吗?			
	数据库连接是否及时关闭?			
	检索条件区分大小写了吗?			
	检索条件中当有["＃＄％＆.SQL]特殊字符时,检索正常吗?			
页面跳转	"返回"按钮按下后,页面信息是否正确显示?			
	"取消"按钮按下后,是否进行了正确的页面跳转。返回前页面后,前页面的输入数据是否保留?			
	OK 按钮按下后,是否跳转到了正确的下一页面?			
异常处理	在页面按钮按下前,拔下网线,按下后,页面出现错误信息。再连上网线,单击同样按钮,页面是否能够正常更新?			
	异常处理时是否将异常信息写入日志文件?			
日期	日期/时间的显示是否正确?			
	日期要求与系统日期有关系时,是否与系统日期进行了比较检查?			
	日期要求有最大、最小值时,是否进行了最大、最小值检查?			
	开始日期是否小于等于结束日期?			
	日期是否以要求的格式显示?(如 2013/01/02 或 2013/1/2 或 2013-01-02)			
	日期/时间的编辑方式是否正确?(如 9:1 或 09:01)			
数字	百分数的显示是否根据要求保留到小数点后 X 位?			
	数字项要求正负时,是否与 0 作了比较检查?			
	数字项的类型能否满足位数要求?(如 int 型不能满足 10 位数字的要求)			
	数字项对输入非法字母、符号是否进行了检查?			

续表

检查项目	检查内容	检查是否通过	检查人	检查日期
金额	所有的金额显示形式是否合乎标准？（例如，右对齐、每 3 位有逗号编辑等）			
	是否考虑了数值项输入最大值后，计算结果溢出处理？			
	涉及金额计算式的，计算结果是否正确？			
	金额要求大于 0 时，是否有与 0 的比较？			
	金额是否是数字形式？			
	金额是否是以正确的格式显示？			
	金额要求进行最大、最小值检查时，是否进行了最大、最小值检查？			
	金额是否按照要求居左或居右显示？			
	报错时，系统信息 ID 和内容是否全部显示正确？			
其他	一些系统支持的特有功能需要屏蔽吗？（如鼠标右键、F5、Ctrl＋鼠标滚动能够缩放图形）			
	光标在按钮处，按 Enter 键，操作正常吗？			
	测试环境与系统要求一致吗？（分辨率、字体大小、Windows 风格、Office 版本等）			
	不允许反复提交的场合，是否做了相应的处理？			
	异常发生后的处理是否完备？（例如，打开的文件要关闭、内存要释放等）			

附录 B

"实验设备管理系统" 程序安装说明

在 Windows XP 系统下安装以下文件。

1. 安装 JDK

直接解压即可,解压在任意文件夹,解压后就能使用。

2. 安装 Tomcat

安装时可能需要找 JDK 的路径。

3. 安装和配置 SQL Server 的步骤

1)安装 SQL Server 2008

如图 B-1 所示,进行默认配置安装。如已装数据库的机器,可将 instant 名改名即可,如 MYSQLSERVER2。

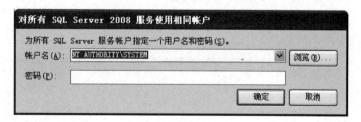

图 B-1   指定用户

安装 SQL Server 2008 时,如需要可以进行如图 B-2 所示的设置,关闭防火墙。

如图 B-3 所示,添加当前用户。

如果 SQL Server 无法启动,可以打开其配置工具菜单里的"配置管理器应用程序",手动启动 SQL Server 服务。

2)配置 SQL Server

打开 SQL Server 2008 配置工具,选择配置管理器,如图 B-4 所示。

如图 B-5 所示,选择 TCP/IP 协议查看其属性:

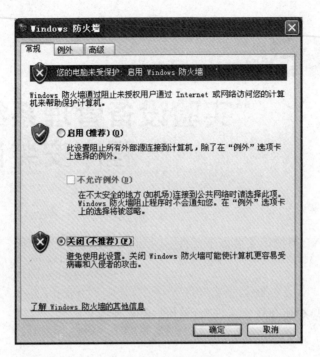

图 B-2　关闭防火墙

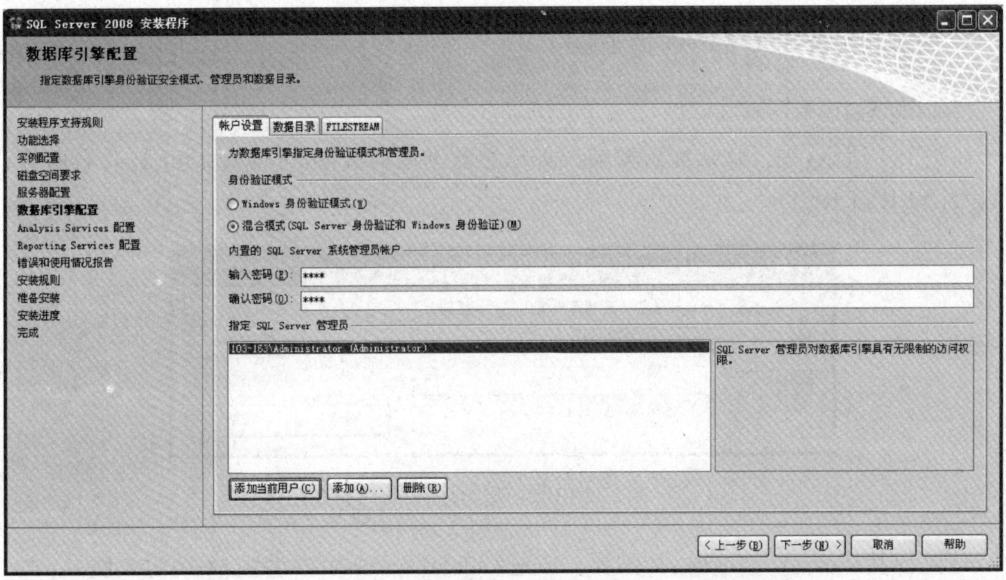

图 B-3　添加当前用户

将 IP 地址为 127.0.0.1 的端口设为 1433,如图 B-6 所示。

如果 SQL Server 2008 是 Windows 认证,改为 SQL Server 2008 身份认证(sa 用户)。

打开 SQL Server 2008 Management Studio,选择"安全性"|"登录名"|"sa",右击,选择"属性"命令。

图 B-4　选择配置管理器

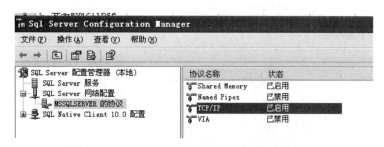

图 B-5　查看 TCP/IP 协议属性

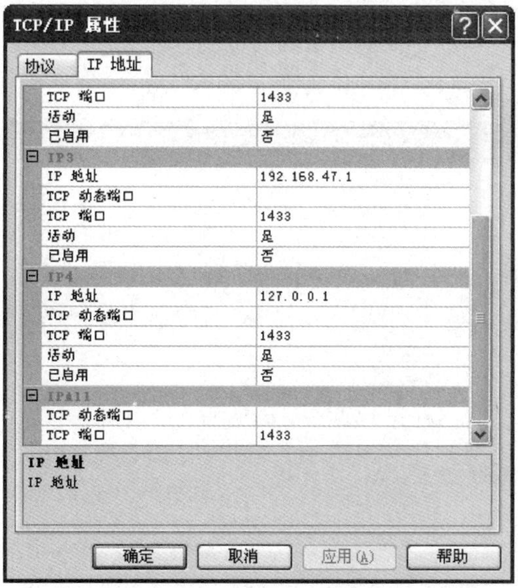

图 B-6　设置端口号

　　如图 B-7 所示,选择"常规"选项,对于 SQL Server 2008 身份认证(sa 用户),修改密码为 8888,默认数据库为 laboratory。

　　在图 B-7 中选择"状态"菜单,将"设置"选项设为"授予","登录"设为"启用",如图 B-8所示。

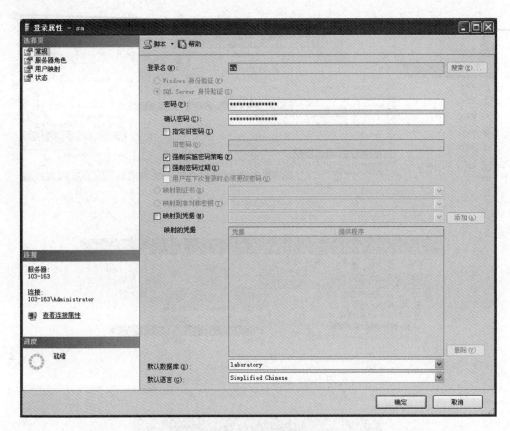

图 B-7 "sa"密码设置

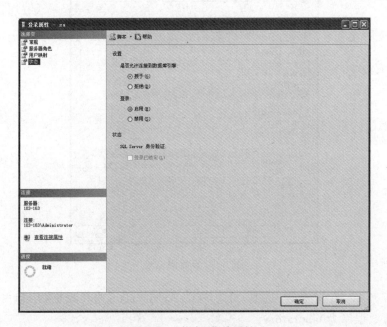

图 B-8 "状态"菜单属性

4．安装和配置 MyEclipse 的步骤

选择工作空间，如图 B-9 所示。

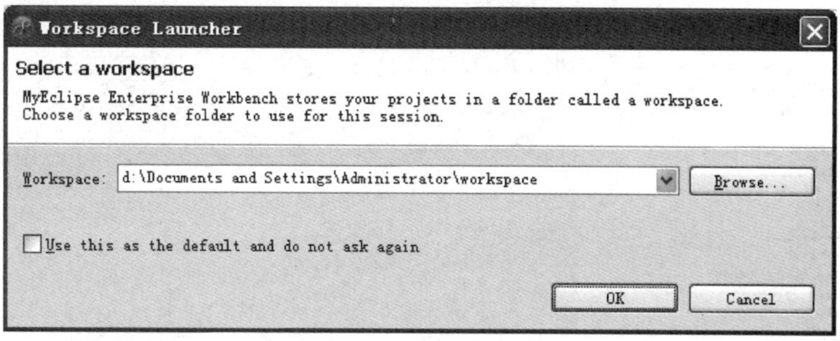

图 B-9　选择工作空间

打开 MyEclipse 的 Import 菜单，选择 Existing Project into Workspace，选择工程所在的路径，勾选 copy project into workspace，如图 B-10 所示。

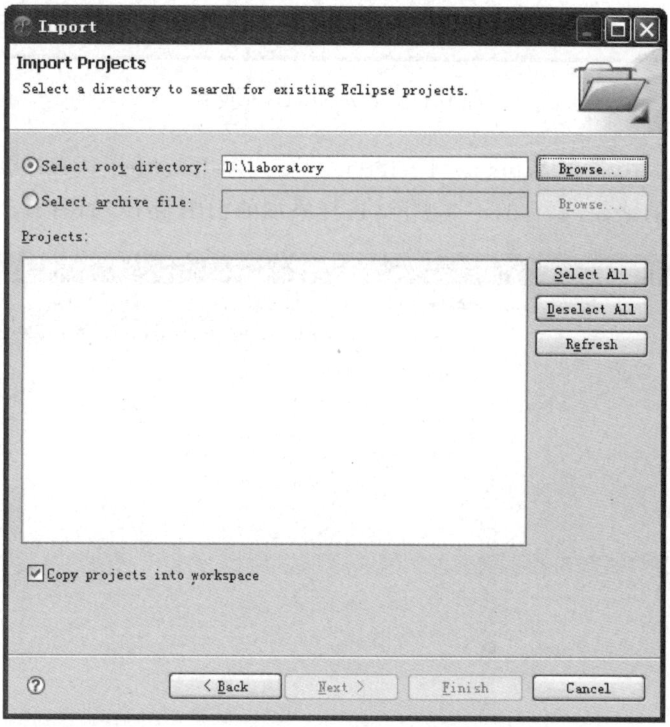

图 B-10　导入项目

向 Myeclipse 导入项目后，将 sqljdbc_2005. jar 文件放在 workspace\laboratory\WebRoot\WEB-INF\lib 目录中。

在 MyEclipse 中，选择 Window|Preference|MyEclipse Enterprise Workbench|servers|Tomcat|Tomcat6. x，为 Tomcat 设置安装路径，并把 Tomcat server 选为 Enable，如图 B-11 所示。

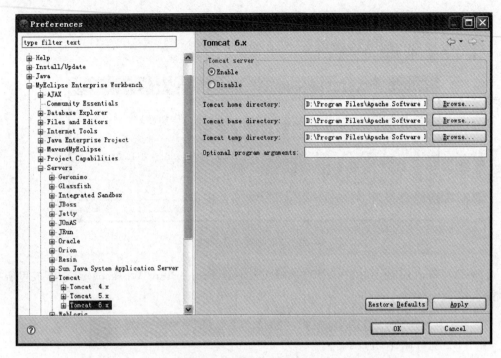

图 B-11　Tomcat server 设置

在 MyEclipse 中,选择 Window|Preference|JAVA|Installed JRES,单击 Add 按钮,添加一个安装 JRE 的路径,原有的不要删除,选择添加的 JRE 路径,如图 B-12 所示。

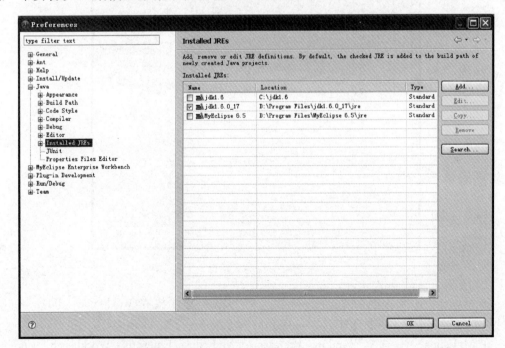

图 B-12　JRES 设置

在 MyEclipse 中,单击 Run|Stop|Restart Eclipse Server|Tomcat 6.0,启动 Tomcat,如图 B-13 所示。

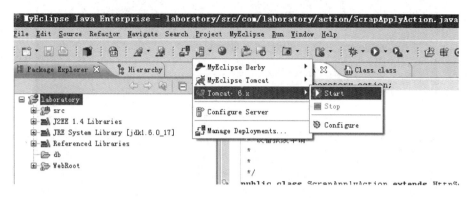

图 B-13　启动 Tomcat

若错误信息显示 8080 端口被占用,在命令提示符下运行 cmd > netstat -ano,如图 B-14 所示。

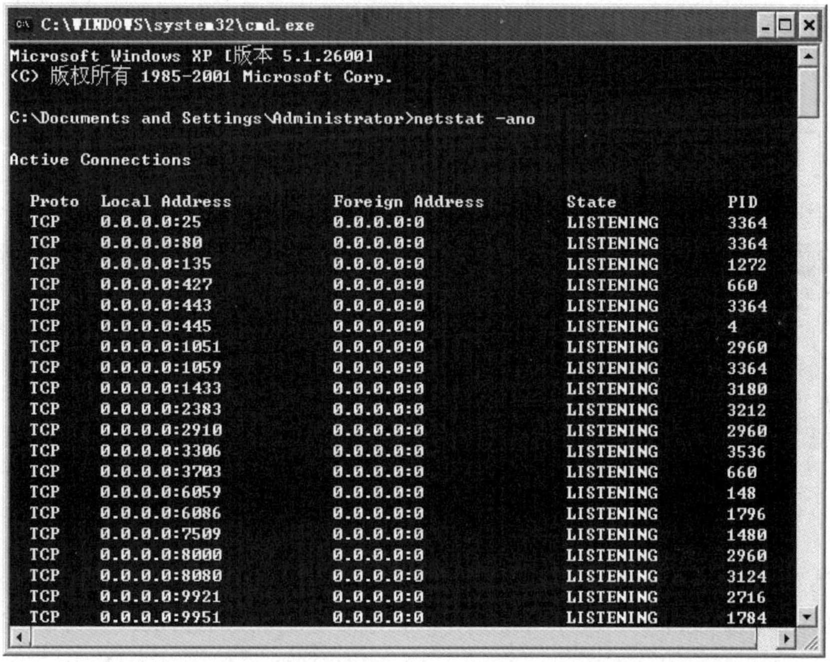

图 B-14　找到 8080 端口被占的程序的 PID

找到 8080 端口被占的程序的 PID,然后打开任务管理器,选择"查看"菜单,选择"进程",选择被占的 PID 的程序,单击"结束进程"按钮,如图 B-15 所示。

如图 B-16 所示,选择 DeployMyeclipseJ2EE Project to Server 图标。

单击 Add 按钮,添加一个 Tomcat 到项目 laboratory,以后 redeploy 一下即可,如图 B-17 所示。

单击小地球图标,输入 http://127.0.0.1:8080/laboratory/login.jsp。

图 B-15　结束进程

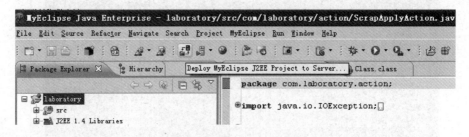

图 B-16　选择 DeployMyeclipseJ2EE Project to Server 图标

注意浏览器更新为 IE 8 以上,也可以直接在 IE 中运行。

有时候,在 MyEclipse 中运行 application 程序时会呈现如下错误:

java.lang.UnsupportedClassVersionError: Bad version number in .class file

造成这种错误的原因是支持 Tomcat 运行的 JDK 版本与支持 application 运行的 JDK 版本不一致导致的。那么如何解决上面的问题呢? 措施显而易见:把它们的 JDK 版本改成一致。步骤如下。

① Window|Preferences|Java|compiler 中的 compiler compliance level 对应的下拉菜单中选择 JDK 版本。

② Window|Preferences|MyEclipse|Servers|Tomcat|Tomcat n. x|JDK 中的 Tomcat JDK name 下的下拉菜单中选择自身电脑上安装的 JDK 版本,必须与步骤①中的 JDK 版本

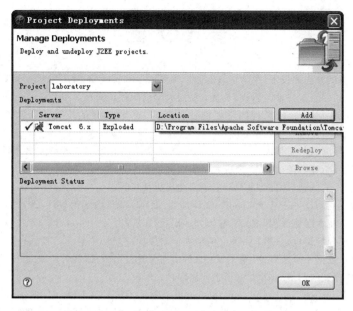

图 B-17　添加一个 Tomcat 的项目 laboratory

一致。

　　如果还是没有解决，就是因为有些 MyEclipse 版本自带有 JDK 版本，所以也要将它改过来。

　　选择 Window|Preferences|Java|Installed JRES，然后在右边选择与步骤①和②版本一致的 JDK 版本。如果没有，可以自行添加，然后选中就可以了。

参 考 文 献

[1] 朱少民. 软件测试方法和技术(第3版). 北京：清华大学出版社,2005.

[2] 张大方,李玮. 软件测试技术与管理. 长沙：湖南大学出版社,2007.

[3] Andy Yue,等. 跟 Microsoft 工程师学软件项目测试——软件测试技能实训教程. 北京：科学出版社,2010.

[4] 程宝雷,等. 软件测试与质量保证——IBM Rational 测试工具. 北京：清华大学出版社,2015.

[5] 罗先文,等. 软件工程实务. 重庆：重庆大学出版社,2005.

[6] 于艳华,等. 软件测试项目实战. 北京：电子工业出版社,2012.

[7] 魏娜娣. 软件性能测试——基于 LoadRunner 应用. 北京：清华大学出版社,2012.

[8] 赵斌. 软件测试技术经典教程. 北京：清华大学出版社,2007.

[9] 张海藩. 软件工程导论(第5版). 北京：清华大学出版社,2008.

[10] 王珊,萨师煊. 数据库系统概论(第4版). 北京：高等教育出版社,2007.

[11] 陈少英. 软件测试的艺术. 北京：电子工业出版社,2006.

[12] 软件测试本质. http://hi.baidu.com/lodong/blog/item/7ffe4b58da3b5d2c2834f097.html.

[13] Daniel J.Mosley,Bruce A.Posey. 软件测试自动化. 北京：机械工业出版社,2003.

[14] Spectrum Signals. 软件测试的艺术. 加利弗尼亚：SAMS,2008.

[15] Ron Patton. 软件测试. 加利弗尼亚：SAMS,2006.

[16] 谷剑芳. http://tech.it168.com/m/p/2006-08-18/200608181528164_2.shtml 2006.

[17] http://baike.sogou.com/网站.

[18] JUnit 官方网站.

[19] Google 开发者网站.

图 书 资 源 支 持

感谢您一直以来对清华版图书的支持和爱护。为了配合本书的使用,本书提供配套的素材,有需求的用户请到清华大学出版社主页(http://www.tup.com.cn)上查询和下载,也可以拨打电话或发送电子邮件咨询。

如果您在使用本书的过程中遇到了什么问题,或者有相关图书出版计划,也请您发邮件告诉我们,以便我们更好地为您服务。

我们的联系方式:

地　　址:北京海淀区双清路学研大厦 A 座 707

邮　　编:100084

电　　话:010-62770175-4604

资源下载:http://www.tup.com.cn

电子邮件:weijj@tup.tsinghua.edu.cn

QQ:883604(请写明您的单位和姓名)

扫一扫
资源下载、样书申请
新书推荐、技术交流

用微信扫一扫右边的二维码,即可关注清华大学出版社公众号"书圈"。